JN231492

ビジネスを加速させる

専門家ブログ

制作・運用の教科書

落合正和

はじめに

　ブログを書き始めて10年になりました。この原稿を書き上げた時点で私は40歳になりますので、人生の1/4はブログを書き続けてきたことになります。この10年、私は至る場面でブログに助けてもらいながらの人生でした。起業したての顧客が少ない時期から、今までの間、安定して仕事を運んでもらい、病で床に伏した時も、旅行に行っている時も、休むことなく私と会社を宣伝し続けてくれました。

　ブログによって「書くこと」の楽しみを覚え、本書を含め二冊もの本を書かせていただき、ブログによってたくさんの仲間と出会うことができました。私の溢れんばかりの承認欲求も存分に満たしてくれています。多くの人が私の生き方を見て、楽しそうだねと言ってくれます。全てブログのおかげです。いまとなってはブログ無しの人生など、とても考えられません。10年前の自分にブログを書くという選択肢を選んだこと、本当に感謝したい思いでいっぱいです。

　ブログの良いところは、なんと言っても、「全てが自由である」ということ。利益を求めることなく、純粋に趣味の記録をとっても良いし、毎日のライフログとして日常を書き綴っても良い。Googleアドセンスやアフィリエイトの仕組みを活用し、ブログそのもので稼いでも良い。本書で解説しているように、ブログで自分の名前や、商品、会社の屋号などの認知を高め、ビジネスに活かしても良い。ブログは自由です。

　何の縛りも制約もなく、自分自身を好きなように表現することができます。なんと素晴らしいツールなのでしょうか。是非、このようなブログを運用することで得られる利益を、多くの人と共に享受したい。そんな想いで本書を執筆いたしました。

　昨今、不正確な記事や著作権を無視したコンテンツを提供するまとめサイトが現れたり、フェイクニュースが話題になったりするなど、ブログを含めたWebメディアの問題を問われることも少なくありません。読者の

反発を買い、炎上してしまう事例も多数耳にしたことがあるでしょう。不特定多数の人から閲覧される場で自分を表現することは、当然リスクも伴います。しかしながら、ブログやSNSの文化を学び、誠実な運用を心がけ、日々読者に向き合う姿勢を保ち、共感を得ていくことで、リスクはある程度コントロールできるものです。

　また、ブログやSNSのようなインターネットによるコミュニケーションが生まれたことで、人と人との繋がりを希薄にしていると言った意見も未だ聞かれます。私はまったくそのように思いません。むしろ、インターネットによって24時間、365日、誰とでも繋がることが出来るようになり、出張中でも家族とのコミュニケーションは継続できるようになりましたし、ひとり旅に出てもブログやSNSを通じて楽しみを共有することもできる時代になりました。

　同じ趣味や関心を持つ仲間との交流も増え、県外、海外と距離や時間に関係無く、毎日誰かしらと連絡を取り合う生活を送っています。コミュニケーションの厚みは日々増してきているとすら感じます。私自身はブログ、SNSによって享受される人との交流を、存分に楽しんでいます。

　そのように楽しみながらも利益を生む、コミュニケーションツールとしてのブログ運営を可能にするために、私が10年間で得た知識と経験を本書に詰め込みました。この本があなたにとって素晴らしいブログライフのきっかけになれることを切に願っております。

落合正和

Chapter 1 専門家ブログの レイアウトを設定する

01 今こそブログを書いてみよう …… 10
ブログとは何か？ … 10
ブログとSNSの違い … 10
ストック型メディア、フロー型メディアの違い … 11
ブログのメリット・デメリット … 13

02 ブログによるマネタイズ方法 … 14
自由にマネタイズできるのがブログ … 14

03 落合式ビッグツリー戦略 … 19
ビジネスを大きく育てるビッグツリー戦略 … 19
最も得意な専門性で鋭く刺さる小さな幹を作る … 20
専門性の枠を広げ、次第に幹を太く育てる … 21
自身の経験やスキルを基に枝葉を育てていく … 22
育てた枝葉に添木し、次の枝葉を育てる … 25

04 ビッグツリー戦略におけるコンテンツ制作 … 28
コンテンツ制作の目的 … 28
取材を獲得する … 28
集客する … 29
読者をファンへと深める … 31

05 ブログのスタートとゴールを決める … 33
ブログの目標設定 … 33

06 「私なんかが情報発信なんて…」と考えない … 36
発信することを恐れない … 36
書き始めたばかりのブログの影響力 … 36
金メダリストだけがコーチではない … 37

Chapter 2 WordPressを設置する

01 無料ブログとWordPressのどちらが適正か？ ………… 40
メリット・デメリットを確認してみよう ………………… 40

02 レンタルサーバーを契約する ……………………… 45
サーバーとは………………………………………………… 45
レンタルサーバーの選び方………………………………… 45
容量、機能、サポートの充実したレンタルサーバー …… 46

03 ドメインを取得する ………………………………… 48
ドメインとは………………………………………………… 48
ドメインの選び方…………………………………………… 49
使いやすさで選ぶドメイン管理会社……………………… 50

04 ブログをhttpからhttpsに常時SSL化する ……… 51
自分のためにも読者のためにも暗号化を………………… 51
httpとhttpsの表示の違い………………………………… 51

05 WordPressの最初にやっておきたい設定 ………… 53
一般設定……………………………………………………… 53
表示設定……………………………………………………… 54
ディスカッション設定……………………………………… 55
パーマリンク設定…………………………………………… 57

06 テーマをつかってデザインを整える ……………… 59
WordPressにおけるテーマとは？………………………… 59
Giraffe（無料テーマ）……………………………………… 60

07 WordPressで導入しておきたいプラグイン ……… 63
WordPressに初期設定で用意されたプラグイン ………… 63
インストールしておきたいプラグイン…………………… 68
プラグインの入れすぎに注意する………………………… 83

Chapter 3 専門家ブログのレイアウトを設定する

01 ユーザーの導線を考え、ブログデザインを構築する … 86
迷いなく購入までたどり着ける導線を描く ………………… 86
書き出した不安をひとつずつ排除する ……………………… 88

02 効果的なブログタイトルのつけ方 ……………………… 89
ブログで重要なのはタイトル ………………………………… 89
ブログタイトルはSEOにおいても効果あり ……………… 89

03 グローバルメニューに置くべきもの ………………… 92
グローバルメニューとは ……………………………………… 92
位置によってクリック数が変化する ……………………… 93
店舗型ビジネスが用意しておくべき項目 ………………… 95

04 スマホ時代でも重要なサイドバーの役割 ………… 98
閲覧時、常に同じ情報を読者に提供できる ……………… 98
大きな取引などは、PCからが主流 ………………………… 98

05 プロフィールの重要性 ……………………………………… 101
顔出しと本名は必須事項 …………………………………… 101
実績と共感を得る …………………………………………… 103
完璧な人は嫌われる（実績自慢だけで終わらせない）……… 104
プロフィールを最後まで読む人は買ってくれる人 ……… 105
プロフィール写真の効果的な使い方・見せ方 …………… 106

Chapter 4 専門家ブログに記事を投稿する

01 ブログ記事の基本的な書き方 ………………………… 112
ブログを書く際はルールを設ける ………………………… 112

02 ブログコンテンツの「型」を作り、早く楽に記事を書く … 115
自分の「型」を作る ………………………………………… 115

ステップ1:「誰に」「何を」書くのか？ ……………………… 115
ステップ2:構成を作る …………… 116
ステップ3:最初に記事タイトル＋見出しを作る …………… 117

03 SEOの基本的な知識 **118**
押さえておきたいSEOの基本知識 ……………………… 118
コンテンンツ制作はユーザーのために ……………… 118
ページのタイトル、見出しは極めて重要 ……………… 119
良質なオリジナルコンテンツを提供する ……………… 119
ナチュラルリンクを獲得する ……………………… 120
SEOは経験を通じて得られるスキル ……………… 120

04 ブログから取材を受ける **122**
メディアも検索エンジンで取材先を探している ………… 122
取材獲得のためのコンテンツ ……………………… 122

05 ブログから集客する **125**
ブログは24時間働き続ける集客ツール ……………… 125
集客のためのコンテンツ …………………………… 125

06 取材と集客が増え続けるサイクルを作る **130**
小さな実績を大きな実績へ ………………………… 130
ブログを書き続けることで専門家になり得る ………… 130

07 ブログの読者をファンへと深める **138**
信頼、共感、コミュニケーションを提供する ………… 138
ファンを集める、深めるコンテンツ ……………… 138

08 ブログ運営者の悩みはすべて書くことで解決する … **141**
継続こそ力なり ……………………………… 141

Chapter ▶5 専門家ブログで さらにビジネスを加速させる

01 メールマガジンを活用する ………………… **144**
メールマガジンは必須のツール ……………… 144

配信数は少なくていい ··· 145
繁忙期に集め、閑散期に使う ··································· 146
メールマガジンの配信スタンドを用意する ··············· 147

02 代表的なSNSの活用 ··· 149
どのSNSを活用していくべきか？ ···························· 149
Facebookの特徴 ··· 149
Twitterの特徴 ·· 155
Instagramの特徴 ·· 157
YouTubeの特徴 ·· 161

Chapter 6 専門家ブログの アクセスを解析する

01 アクセス解析の重要性 ··· 166
ウェブサイトの解析は健康診断と同じ ····················· 166

02 Google Analytics ··· 168
Google Analyticsの導入 ·· 168
Google Analyticsの見方と使い方 ···························· 170
「ユーザー」レポート ··· 170
「集客」レポート ··· 173
「行動」レポート ··· 174
「コンバージョン」レポート ······································ 176

03 Google Search Console ·· 178
Google Search Consoleの導入 ······························· 178
Google Analyticsとの連携 ······································· 180
Google Search Consoleの見方と使い方 ·················· 181
検索パフォーマンス ··· 182
インデックス・カバレッジ ·· 186

04 PVよりも売上を意識する ······································· 189
PVは指標のひとつにしかすぎない ··························· 189
売上が上がるページを大切にする ···························· 189

専門家ブログを
ビジネスに活用する

Chapter
01

Chapter
02

Chapter
03

Chapter
04

Chapter
05

Chapter
06

専門家ブログをビジネスに活用する

今こそブログを書いてみよう

→ ブログとは何か？

　「ブログ」という言葉に明確な定義があるわけではありませんが、主に個人やグループなどが運営する時系列的に更新されるウェブページの総称として使用されています。ブログはさまざまなウェブサイトの一種です。ウェブサイトに記録をすること、つまりウェブサイト（Website）にログ（Log）することが、ウェブログ（Weblog）→ブログ（Blog）と略されていき、このような呼称となっていったようです。

　同様に、ブログの執筆者やブログの運営者はブロガー（Blogger）と呼ばれています。過去には影響力の強いブロガーをアルファブロガーと呼んだり、現在でもブログで生計を立てている人のことをプロブロガーと呼んだりしています。

　自ら情報発信を行い、個人のブランドを育てあげていく必要性は、個人事業主やフリーランスに限らず、サラリーマンであっても情報発信力は必要不可欠な能力と言っても過言ではないでしょう。

　情報発信のツールとしても、情報発信力を伸ばすための場としても、ブログの存在はますます重要になってきています。本書では、そんな強力な情報発信ツールであるブログを、ビジネスに活用する方法についてお伝えして参ります。

→ ブログとSNSの違い

　ブログとは、個人やグループなどが運営する時系列的に更新されるウェブページの総称と解説いたしました。では、FacebookやTwitterのようなSNSと何が違うの？　という疑問を持たれた方も多いのではないでしょうか。ここではブログとSNSの特徴、そしてその違いについて説明していきましょう。

ブログは、一般的には情報発信を中心としたウェブサイトです。『発信』の色が濃く、情報量も多いという特徴があります。ビジネス的な視点で考えると、不特定多数の人に、十分な量の情報を、広く発信することができる個人メディアとも言えます。

　それに対してSNSは、人と人とをつなぎ、コミュニケーションを楽しむためのウェブサービスです。SNSは（Social Networking Service）の略です。その名の通り、家族友人、そして同じ趣味や嗜好を持つ人たちとのつながりを通じて、円滑なコミュニケーションを促進するさまざまな機能を有し、インターネット上に人間関係を構築する場を提供するサービスになります。ブログのように運営者個人の発信ありきのものではなく、会話に近いコミュニケーションがSNSの特徴です。

●ブログとSNSの違い

ブログ
● 発信に重点をおいている
● 情報量は多い
● 不特定多数に発信可能

SNS
● 特定の人とのつながりに重点をおいている
● 情報量よりもコミュニケーションがメイン
● 会話に近い使い方が一般的

→ ストック型メディア、フロー型メディアの違い

　それぞれの特徴を捉えたところで、実際に違いを見ていきましょう。まず多くの場合、ブログはストック型メディアであり、SNSはフロー型メディアと分類されます。

　ブログは投稿がどんどん積み上げられ、工夫次第で上位表示も可能ですし、良質な投稿を積み重ねることで検索アクセスの増加が見込め資産化していくことが可能です。そのため、1年前、2年前に書いた記事であっても、需要のある記事であれば何度も読み返されることがあります。表現を変え

専門家ブログをビジネスに活用する

Chapter
01
Chapter
02
Chapter
03
Chapter
04
Chapter
05
Chapter
06

ると、ブログの投稿は検索エンジン上にストックされ続けるとも言えます。投稿の価値を何年も維持することが可能です。そのため、ストック型メディアと呼ばれています。

　一方、FacebookやTwitterなどに代表されるSNSは、フロー型メディアに相当します。フロー型メディアの特徴は、ニュース性が高く鮮度の良い投稿に向いており、そのコミュニケーションによって関係性を醸成するのに役立ちます。『シェア』『リツイート』といったSNS特有の拡散機能によって、友達の友達へ、フォロワーのフォロワーへとユーザーの共感を得ることで、次々に投稿が拡散される爆発力があるのも特徴と言えます。しかし、投稿が時間の経過とともにフィードの下へ下へと流れていくため、投稿が閲覧される機会は時間の経過とともに減少していきますし、SNSの投稿が検索エンジンで上位に表示されることはほとんどありません。検索からのアクセスは期待できないと考えるべきでしょう。つまり、投稿の価値を維持し続けることが難しいのがフロー型メディアです。

　こうしたメディアの特性を理解した上で、上手に活用していくことが大切なのです。

> **フロー型メディアで口コミ（拡散）を起こし、多数の認知を得る**

> **フロー型メディアでコミュニケーションを通じて関係性を深める**

> **ストック型メディアで良質な記事を積み上げ、検索アクセスを増やす**

Chapter

01

Chapter

02

Chapter

03

Chapter

04

Chapter

05

Chapter

06

→ ブログのメリット・デメリット

　ブログを書くことのメリット・デメリットは、当然のことながらあります。なかには意図的に炎上を狙ってPVを稼ごうとするブロガーもいないわけではありませんが、私はそのような方法はおすすめしません。

　得られるメリットと、デメリットにおけるリスクの双方のバランスを上手にとりながら運用していくのがプロのブロガーである、と私は考えています。

　それでは具体的なブログのメリットとデメリットを見ていきましょう。

●ブログのメリット・デメリット

メリット	デメリット
● 収益を得られる、金銭的メリット ●「書く」スキルを鍛えることができる ● HTML、CSS等 のIT知識 を会得できる ● 自分の記事が人の役に立つことで自分の自信につながる	● 記事の内容如何では炎上する可能性もゼロではない ● 内容の批判ではなく単なる誹謗中傷のようなコメントが届くことがある ● SNSで否定的ニュアンスを持って拡散されてしまうこともある ● リスクとバランスを考えなくてはいけない

Chapter
01

Chapter
02

Chapter
03

Chapter
04

Chapter
05

Chapter
06

ブログによる マネタイズ方法

→ 自由にマネタイズできるのがブログ

　ブログを使ったマネタイズ方法は、本当にさまざまです。違法行為やマナー違反、人に迷惑をかけるような行為は望ましくありませんが、基本的にブログは自由なツールです。

　運営者の工夫次第で多様なマネタイズが可能になってきます。自分で商品を持っている人は、商品の広告を掲載してもよいですし、直接販売することもできます。商品がない人は、他社の商品を広告することもできますし、士業や店舗を営む人は、集客のための媒体として活用したり、ブランド構築の場にすることも可能です。自分に合った活用方法を探し、自由にマネタイズできるのがブログです。

　ここでは一般的なマネタイズ方法を3つの分野に分けてご紹介します。最初から自分のマネタイズ方法が定まっているのが望ましい状態ではありますが、実際にブログを運営していく中でメインとなる収益源を定めていくのもよいでしょう。

　ブログ運営を継続するにあたり最も手強い難敵は、気持ちが萎えてしまうことです。楽しく継続するためには、自分に合ったマネタイズをいろいろ試してみることも良い方法だと思います。

▶ Google AdSenseで稼ぐ

　1つ目はGoogle AdSenseによるマネタイズです。Google AdSenseとは、Googleが提供しているコンテンツ連動型広告配信サービスです。

　自分のウェブサイトに広告を自動表示し、それをユーザーがクリックすることで報酬が発生する仕組みとなっています。導入するためにはGoogleの審査を通過する必要がありますが、比較的早い段階から報酬が得やすい仕組みとなっているので、個人、企業問わず、人気の高いマネタイズ手法となっています。

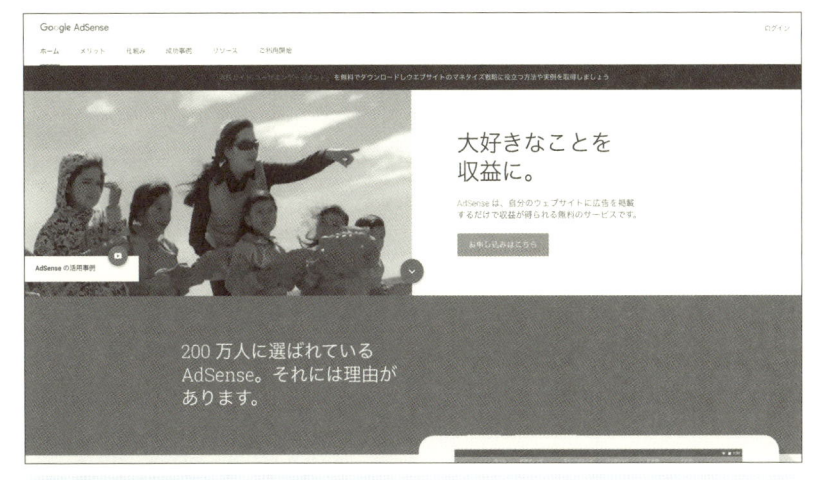

Google AdSense
https://www.google.com/adsense/login/ja/

自分のサイトの中にGoogle AdSenseによる広告が配信される。場所は自由に指定することが可能。これがクリックされると報酬が発生する

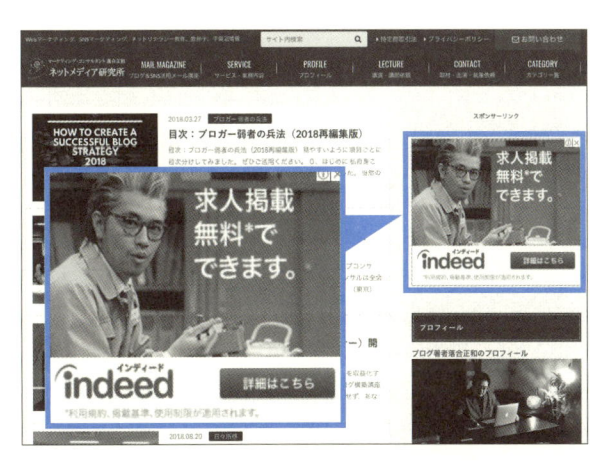

私のブログに貼られたGoogle AdSenceの様子。これを読者がクリックすることで、報酬が発生する

　報酬は概ねPVに比例するため、高額な報酬を得るには高いアクセス数を獲得する必要があります。もちろんGoogle AdSenseで月に数十万円〜百万円以上の報酬を得ている個人ブロガーもいます。

　企業に関して言えば、億単位のPVを叩き出すオウンドメディアも複数存在し、数千万円の報酬を得ているケースもあるでしょう。

　しかし、Google AdSenseは「1PV＝0.3〜0.5円」ほどの報酬となって

専門家ブログをビジネスに活用する

Chapter
01

Chapter
02

Chapter
03

Chapter
04

Chapter
05

Chapter
06

おり、生活できるだけの収益を得るまでには相当な努力と時間が必要になります。

また、アダルト関連のコンテンツ、暴力的なコンテンツ、アルコール・タバコ・薬物関連を扱うコンテンツなどは、まずGoogleの審査を通過できません。同様に、コンテンツ量が少なすぎたり、広告主に不利益となるコンテンツを扱ったりすることも審査否決の対象になるため、ジャンルが絞られるマネタイズ方法です。

▶ アフィリエイトで稼ぐ

次にアフィリエイトを活用した収益化です。アフィリエイトとは成功報酬型広告のことで、自分のウェブサイトの中で広告掲載場所を提供し、収益を得るという手法は、Google AdSenseと同様です。

厳密に言えばGoogle AdSenseもアフィリエイトの一種ですが、ユーザーごとに自動で選別された広告を自動で表示させ、クリック報酬が発生するGoogle AdSenseに対し、一般的なアフィリエイト広告は、企業の広告を受け持つ広告代理店、ASP（アフィリエイト・サービス・プロバイダ）が仲介し、一定の決められた広告をウェブサイトに掲載するほか、成果の発生条件もさまざまです。

クリックで報酬が発生するGoogle AdSenseよりも、「会員登録をする」「資料請求をする」「何かを購入する」といった具体的なアクションが成果

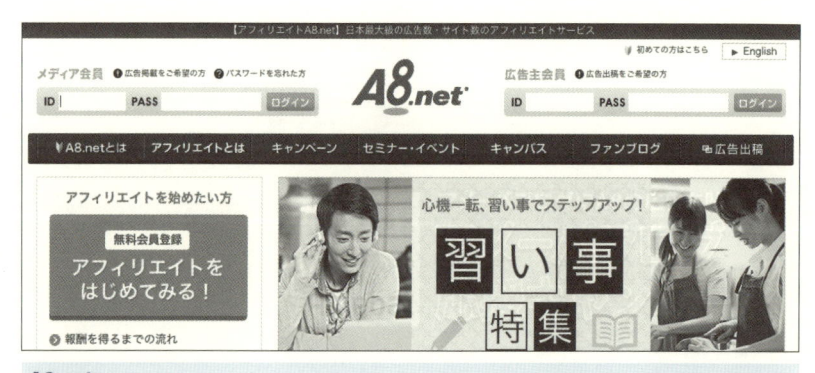

A8.net
https://www.a8.net/

最大手のASP A8.net 。ASPの中でも案件の数が大変豊富

afb
https://www.afi-b.com/

同じく人気ASPのafb。A8よりも案件は少ないが、入金サイクルが早かったり、報酬の振込手数料が無料だったりと、特徴がある

の発生条件となるため、報酬を得られるまでの難易度は高い分、高額な報酬が得られる場合も少なくありません。1件の成約で数千円から数万円になることもあります。

　ASPにも多数の種類があり、「A8.net」、「afb（アフィリエイトB）」、「バリューコマース」など、各社さまざまな得意分野を持っていたり、独占案件を持っていたりと、特徴は異なります。

　NPO法人アフィリエイトマーケティング協会の調査によると、アフィリエイト利用者の中で月額5,000円以上の報酬を得ているユーザーは全体の5%ほどと、その数字が難易度の高さを表しています。ですが、一部の上位アフィリエイターの中には月に数百万以上の収益を獲得している人もおり、高い収益性はとても魅力的です。

▶ 自分の商品を販売する

　こちらが本書で最もおすすめしているマネタイズ方法です。私自身、このマネタイズ方法で10年以上会社を維持してきました。現在、私は自分のブログでコンサルティングや講演、セミナー、執筆、メディアへの出演や取材の受付など、自分自身を商品として販売しています。士業の方であれば、かなり私と似たような商品ラインナップになるでしょう。

Chapter
01

Chapter
02

Chapter
03

Chapter
04

Chapter
05

Chapter
06

専門家ブログをビジネスに活用する

　飲食店や理美容室、接骨院、整骨院などであれば、予約を受け付けたり、直接モノを販売する物販のケースもあるでしょう。いずれもアドセンスやアフィリエイトのように他社が販売する商品の広告ではなく、自分または自社で商品を用意し、ブログを使って販売するパターンになります。

　アドセンスもアフィリエイトも、他人の商品を販売して中間マージンを得る仕組みになっていますから、利益率はどうしても低くなってしまいます。それに対し自分で商品を用意する場合は、利益をコントロールすることが可能です。得られた利益をすべて自分のものにすることも可能です。私の場合、すべてブログやSNSの力を活用して商品を販売しているので、限りなく100%に近い利益率となります。つまり最も収益性が高いのが、自分の商品、自社商品になるのです。

　また、収益のメインをアドセンスやアフィリエイトにしてしまうと、さまざまな問題が伴います。アドセンスの場合、審査が通った後であっても、うっかりアダルト、暴力、お酒や薬物などのコンテンツを扱ってしまい、アカウントを停止、削除されてしまうこともあります。

　それ以外にも多数の規約による縛りがあるため、すべてに気を遣いながらブログを運営していく必要があります。思わぬミスにより、ある日突然収益を失う可能性もあるわけです。

　アフィリエイトも同様です。さまざまな規約に縛られているのは当然のこと、アフィリエイトプログラムを提供している企業が突然案件を停止させてしまうことも考えられます。また、突如会社が倒産してしまいアフィリエイト報酬が支払わないというケースも実際にありました。

　いずれも商品が他社のものであるため、自らのコントロール下に置くことができず、相手次第でいつでも収益を失う可能性があるのです。ですから、自分の専門性に合わせて自分のブログで商品を広告、販売するのが、自分の商品を最も売りやすく、難易度の面でも楽になることは間違いないでしょう。

　できる限り自分のコントロール下に置くため、そして安定した収益を確保するため、また難易度の面から見ても、自分の商品や自社の商品をメインの収益源として扱うことをおすすめします。その上でアドセンス、アフィリエイトを活用した収益増の施策を検討していくと、安定した収益基盤を構築しやすくなっていきます。

Chapter

01

Chapter 02

Chapter 03

Chapter 04

Chapter 05

Chapter 06

落合式ビッグツリー戦略

→ ビジネスを大きく育てるビッグツリー戦略

　ビジネスの幅を広げ、安定した事業を構築するには、複数の収入源が必要です。例え一時的には大きな収益をもたらす商品が1つあったとしても、時代の流れや流行、技術の進歩などによっていつかその商品が売れなくなってしまう時代がやって来るかもしれません。安定的な収益の確保とビジネスの拡大を考えると、1つ、2つの商品が倒れたとしても、ビクともしない強さを持つための収益源を複数確保しておくことが望ましいのは当然のことです。

　日本を代表する重機械産業である川崎重工業株式会社（ブランド名 カワサキ）も最初は造船業からスタートし、飛行機、自動車、バイクと扱う製品の幅を広げ、現在ではエネルギープラントの建設から医療用ロボットの製造まで担う総合重機械産業へと進化していった歴史があります。

　ヤマハ株式会社もオルガンの修理から始まり、楽器の製造、楽器製造から得られた木材の加工ノウハウを活かした高級車の内装木工パネルの製造、スポーツ用品、半導体、IoTビジネスまで幅を広げ、世界最大の楽器メーカーでありながらもさまざまな分野で活躍するメーカーとなりました。

　株式会社ミクシィも、IT系求人サイト「Find Job！」の運営からスタートし、大流行したSNS、mixiを運営。mixiからの収益が減少して危機を迎えましたが、スマートフォン向けゲーム「モンスターストライク」が大ヒットし、現在はさまざまなエンターテイメントを提供する情報・通信業となっています。

　立ち上げ当初のコンセプトを大切にしながらもビジネスの幅を広げ、安定した企業へと成長する。それは個人であっても、小規模事業社であっても同様です。そして、安定したブログ運営であっても同じことが言えます。しかしながら、ここまで述べてきたブログの性質において、刺さるコンセプトを持つことと、複数にわたるジャンルのコンテンツの双方を持つこと

専門家ブログをビジネスに活用する

19

Chapter
01

Chapter
02

Chapter
03

Chapter
04

Chapter
05

Chapter
06

は相反するもので、一見すると矛盾を感じてしまいます。

　ブログコンセプトを大切にしながらも、自分の経験やスキルを使って収益の幅を持たせていくために、どのような戦略を推し進めていけばよいのか？　私は「ビッグツリー戦略」の活用をおすすめしています。

　これは私の経験から導き出された独自のブログビジネス戦略で、私自身のみならず、弊社の顧客やウェブサービス、実店舗運営まで含め、あらゆる場面で効果を発揮しています。この戦略を使うことで、現段階で収益の幅を持っていなかったとしても、これまであなたが培ってきた、それぞれの経験やスキルを組み合わせ、複数のビジネスをブログから展開できるようになっていきます。それどころか現在、強力な専門性や、目がさめるような独自の切り口を持っていなかったとしても、軸となる専門性【幹】に、自分の興味関心分野【枝葉】を加えていくことで、それらを育てていくことも可能になります。

1. 最も得意な専門性で鋭く刺さる小さな幹を作る
2. 専門性の枠を広げ、次第に幹を太く育てる
3. 自身の経験やスキルを基に枝葉を育てていく
4. 育てた枝葉にさらに別の経験やスキルを添木し、次の枝葉を育てる

　このステップでビジネスブログを育てることで、少しづつ安定的にビジネスの幅を広げ、複数の収入源を確保することが可能になります。具体的に説明していきましょう。

→ 最も得意な専門性で鋭く刺さる小さな幹を作る

　まずは私自身がこの「ビッグツリー戦略」を活用してきた経緯をお伝えいたします。

　商圏分析やチラシ、看板を得意とするマーケッターとして独立した私が、ウェブの業界である程度の認知を得られた（ウェブメディア業界に従事する方々から認知されたり、マスメディアに取り上げられたりするようになった）時のブログ上の肩書きは「Facebookの専門家」でした。

Chapter
01

Chapter 02

Chapter 03

Chapter 04

Chapter 05

Chapter 06

mixiの流行を背景に『次は必ずFacebookが来る!』と確信し、まだほとんどの日本人がFacebookを知らない段階からFacebookの使い方を解説するブログを立ち上げ、2010年頃から少しずつマスメディアなどの取材をいただくようになったのです。2011年春にはブログをきっかけに多くの方々の力をお借りして、Facebookに関する書籍を出版。この分野では安定的な収益を得られるようになりました。この時、最初の軸となる専門性【幹】を構築することができました。Facebookに絞り込み、流行に乗ったことで、読者にはかなり刺さるコンテンツを提供できたのではないかと思います。

最初に専門性の幅を広げてしまうと、読者の心に刺さりにくくなってしまいます。専門性を絞り込み鋭く刺さるコンセプトに仕上げましょう。

→ 専門性の枠を広げ、次第に幹を太く育てる

2011年中頃からは日本国内でもFacebook旋風が巻き起こり、その後は雨後の筍のように「Facebookの専門家」が世にあふれました。この時期になるとこの肩書きだけで収益を確保するのは困難になってきましたが、すでに先手を打っており、「SNSの専門家」と肩書きを変えて少し幅を広げた活動に切り替えていました。

「Facebookの専門家」はレッドオーシャンになっていましたが、その後現れたLINEやGoogle+、Instagram、Snapchatなど複合的な解説をするブログはほとんど存在しなかったため、他のSNSに関連する仕事を多数受

Chapter
01

Chapter
02

Chapter
03

Chapter
04

Chapter
05

Chapter
06

注できるようになり、収益を落とすことなくビジネスを展開できるブログとなりました。

　それを追うように企業の SNS 活用、個人事業者の SNS 活用など、ビジネスへの活用をアドバイスする専門家やコンサルタント、企業などが続々と増えましたが、やはりすでに先手を打っており、「ウェブメディアの専門家」という肩書きでブログを書き、またしても他と競合することなく収益の幅を広げていったのです。

　立ち上げ当初のブログコンセプトを変更せずに軸となる専門性【幹】を太く高く育てていったことで、その他大勢に飲み込まれることなく幅を広げていくことができ、安定的に仕事を確保できる漁場を得ることができるようになっていったのです。

最初に専門性の幅を広げてしまうと、読者の心に刺さりにくくなってしまいます。専門性を絞り込み鋭く刺さるコンセプトに仕上げましょう。

→ 自身の経験やスキルを基に枝葉を育てていく

　ここからはあまり競合の動向を意識することなく、ある意味ブルーオーシャンの中で安心して枝葉を育てられるようになりました。

　軸となる専門性【幹】が「ウェブメディアの専門家」という立場だった

ので、ブログに書くコンテンツは、SNS関連の事件、事故、ブログやオウンドメディア運営者に向けたライティングの話、SEOの話、ブログ論というものを数年書き続けてきたところ、ある時期から書き尽くしたと感じてしまうようになりました。それでもここまで【幹】を育てたので競争はほとんどなく仕事は途切れませんでしたが、狭い世界だったためにさらなる広がりを持たせたい欲求に駆られる時期でした。そこで、趣味として興味を持っていた地元で「手賀沼」の観光資源を掘り起こし、同じブログの中で発信を始めました。

参考：https://m-ochiai.net
/category/abikoteganuma/

- 手賀沼周辺のカフェの紹介
- 手賀沼周辺の観光資源の再発掘
- 手賀沼の観光振興

　ブログでこうしたコンテンツを投稿し続けていたところ、手賀沼周辺のカフェから『ブログを読んだという方々がたくさん来店してくれています』という声が増え、カフェでトークショーなどを開催したり、自治体の地域振興、観光部門や観光協会、商工会からの講演依頼が舞い込んだりするようになりました。
　また少し範囲を広げ、居住市の百貨店の閉店について、その地の思い出とともに閉店に至った理由をマーケティングの視点で掲載したところ、国内外のメディアから取材が殺到したこともありました。その後は「ウェブ

Chapter 01
Chapter 02
Chapter 03
Chapter 04
Chapter 05
Chapter 06

専門家ブログをビジネスに活用する

Chapter 01
Chapter 02
Chapter 03
Chapter 04
Chapter 05
Chapter 06

（SNSやブログ）を活用した地方創生」や、「ウェブ（SNSやブログ）を活用した観光振興」といった内容の講演依頼が次々と舞い込むようになったのです。

「ウェブメディアの専門家」という【幹】から新たな【枝葉】が伸び、「地方創生」、「観光振興」、「地域振興」などが新たな収益の柱として芽吹きました。また、同様に映画を趣味としていることもあり「ウェブメディアの専門家」の立場から、ネットフリックス日本上陸の記事を書いた際も取材が殺到し、それが映画プロモーションの仕事に関わる要因になりました。これも頻繁とは言えないものの、定期的に依頼を受けています。

参考:https://m-ochiai.net/on-demand-internet-streaming-media/

参考:https://m-ochiai.net/confession-of-22/

デジタルデトックスの記事が次々と企業研修の依頼やテレビ、新聞、雑誌などの取材呼び込むようになったのも【枝葉】のひとつです。

参考:https://m-ochiai.net/digital-detox/

→ 育てた枝葉に添木し、次の枝葉を育てる

　現在は、「地方創生」、「観光振興」、「地域振興」といった【枝葉】からさらに新たな枝が伸び、「インバウンド振興」という収益源も生まれています。

幹がしっかりとした太さを持っていれば（読者からの専門性の認知、信頼の構築ができていれば）枝葉は無限に広げることが可能です。

Chapter

01

Chapter

02

Chapter

03

Chapter

04

Chapter

05

Chapter

06

専門家ブログをビジネスに活用する

こちらは政府が中国人に対するビザ発給要件などの緩和措置を発表した時期にも重なり、「ウェブ（SNSやブログ）を活用したインバウンド振興」というテーマで講演のみならず、コンサルティングや業務委託なども増え、第二の【幹】にもなろうとしています。

　　現在は収益源となるレベルまで育ったコンセプトが、

- 「ウェブメディアの専門家」
- 「ウェブ（SNS やブログ）を活用した地方創生」
- 「ウェブ（SNS やブログ）を活用したインバウンド振興」

　と3本に増加しました。

　今後もこれまでの人生で培ってきた、さまざまな経験やスキル、学習して得た知識などをコンテンツ化し、「ウェブメディアの専門家」という【幹】に新たな【枝葉】をつけていこうと考えています。

▶ 【幹】を深く高く育て、【枝葉】を伸ばし、大木へと育てていく

　私のブログ戦略は、

【幹】
「Facebookの専門家」→「SNSの専門家」→「ウェブメディアの専門家」

　と、最初はペルソナが強烈に興味を持つ、刺さるブログコンセプトで【幹】を作り、コンテンツを積み重ねることによるブログの成長とともに少しずつ幅を広げ、【幹】を太く高く仕上げていきます。そこに自分の経験やスキル、学習で得た知識、興味・関心のあるものをコンテンツ化することで、新しい枝葉として加えていきました。

【枝葉】
「地方創生」「観光振興」「地域振興」「インバウンド振興」「映画」「デジタルデトックス」

Chapter

01

Chapter

02

Chapter

03

Chapter

04

Chapter

05

Chapter

06

　私の持っている専門性の幹に、このような枝葉をつけていくことで大き
な木となり、さらなる仕事の広がりが起きました。競合のないブルーオー
シャンに、どんどん枝が伸びていくのです。

　また、【幹】と【枝葉】の組み合わせが強力な専門性や独自の切り口とな
り、他と競合しない環境を整えてくれるのです。例えば、私はスポーツの
経験も深いため、これまで伸ばしてきた「観光振興」という【枝葉】にス
ポーツという添木をすることで、

「観光振興」×「スポーツ」＝「スポーツツーリズム」

という収益源を生み出したいと思っています。また、今や大きな収益源
となった「デジタルデトックス」に「スポーツ」を添木することで、

「デジタルデトックス」×「スポーツ」＝「デジタル時代の健康産業」

を生むことができるかもしれません。そうなればウェブに関連しない仕
事もとれる大きな木へと成長していきます。雑記ブログのようにバラバラ
にジャンルを増やすのではなく、しっかりと【幹】を深く高く育て、【枝
葉】を伸ばし、さらに添木をすることで、ブログで扱う幅を広げていくの
です。

　これにより立ち上げ当初のブログコンセプトを大切にしながらも、ビジ
ネスの幅を広げ、収益源を複数に増やすことで安定したブログ運営が可能
になります。

　【幹】がまだ細い段階で、無理に【枝葉】を伸ばせば【幹】は途中で折れ
てしまいます。軸となる専門性については大切に時間をかけて育てましょ
う。ですから一過性の流行もの、長くは使えないビジネスモデルを【幹】
に選ばないようにします。【枝葉】を伸ばすタイミングは、読者にあなたの
専門性が認知されてからです。まずはしっかりとブランドを構築していき
ます。これが落合式ビッグツリー戦略です。

Chapter
01

Chapter
02

Chapter
03

Chapter
04

Chapter
05

Chapter
06

専門家ブログをビジネスに活用する

ビッグツリー戦略におけるコンテンツ制作

→ コンテンツ制作の目的

　専門性の軸となる【幹】を育て、自身の経験やスキルを基に【枝葉】を伸ばしていく戦略はこれまで述べた通りです。専門性を複合的に掛け合わせ、コンテンツを作成していくわけですが、それらのコンテンツを制作する目的は、主に3つに分けられます。

- 取材を獲得する
- 集客する
- 読者をファンへと深める

　これらのコンテンツを書き溜めていくことで、次第にそれぞれの目的に適った成果が生まれてくるのです。
　具体的な内容について、解説していきましょう。

→ 取材を獲得する

　取材の獲得やメディアへの露出が増えてくると、影響力が増すことから、商品やサービスの販売が伸びるだけでなく、さまざまな可能性が生まれてきます。顧客層を更に上の層へ引き上げたり、商品やサービスの質を向上させ、単価の引き上げを狙うことができたり、事業における幅も広がります。

　私自身、大変ありがたいことに、何度もテレビ、ラジオ、新聞、雑誌などの取材をいただいておりますが、決してコネなどを持っているわけではありません。毎回、検索エンジンやSNSなどから私のブログにたどり着き、コンテンツを読んでもらった担当者さんからご連絡をいただくことで、取

Chapter
01
Chapter
02
Chapter
03
Chapter
04
Chapter
05
Chapter
06

材や出演の機会を得ています。

　そして、それらのコンテンツの半数は、取材獲得をあらかじめ狙って書いたコンテンツになっています。

　私の事例を挙げると、この記事は取材の獲得に貢献してくれました。

「Googleも、Disneyも、salesforce.comも買収撤退…Twitterの身売り先はなぜ決まらないのか？」ニュース性の高いコンテンツは、継続的なアクセスが望めない分、取材獲得には力を発揮する
https://m-ochiai.net/twitter-4/

　このようなニュース性の高いコンテンツは、メディアからの取材等を獲得しやすいコンテンツと言えるでしょう。自分が専門とする分野の情報をいち早く収集し、ニュース性のある内容のコンテンツを作成すること、そのまま台本に使えるような、番組構成の流れを意識したコンテンツ制作で、取材を獲得しやすくなります。

　また、過去の出演履歴などがある場合は記載しておくと良いでしょう。

→ 集客する

　多くの場合、ブログの入り口を担うのが、集客のためのコンテンツです。読者の検索意図を読み取り、ニーズに合わせたキーワードを選択、使用してコンテンツを作成していきます。また、ビジネスブログにおいて必須といえる、アクセス可能な営業時間、電話番号といった基本情報を用意することも大切になるでしょう。

　誤解していただきたくないのは、集客のためのコンテンツと言うと、必ずしも大量のアクセスを求める必要は無いということです。少ないアクセ

Chapter

01

Chapter

02

Chapter

03

Chapter

04

Chapter

05

Chapter

06

スでも構いません。コンテンツをじっくりと読み込んでくれる濃い読者を
獲得することを意識しましょう。あなたの専門性に当てはめながら、読者
の悩みを想定し、読者の検索意図と深く結びついたコンテンツを制作する
ことで、濃い読者が集まります。集客のためのコンテンツは、ここでお伝
えしている3つの目的に沿ったコンテンツの中でも、最も数を要するも
のとなります。可能な限りコンテンツを増やしたいところです。

　また、読者に対し実績を明示することも大切です。実績は、あなたの専
門性が評価されている裏付けとなり、集客力を高めます。そのため、実績
を"見える化"するコンテンツも必要です。実績の"見える化"が顧客を呼び、
顧客が増えることで次の実績が生まれるという良質なサイクルを生むこと
でブログは持続性を持ち、長期にわたる集客を可能なものにします。

　実績を"見える化"するコンテンツの一例を挙げましょう。

「【満員御礼】専門家ブロ
グ構築セミナーを東京・
大阪で開催しました」
https://m-ochiai.net/semin
ar-4/

　このコンテンツは、私自身の講演実績を"見える化"したものです。読者
が講師を探しているならば、講師経験の無い人よりも実績のある人を選ぶ
ものでしょう。どのような内容の講演が出来るのか？　も知りたいはずで
す。そして、このコンテンツを見た読者が、私に講演依頼をすれば、さら
に実績を積み上げる機会となります。

　このような実績記事が増えてくると、読者の信用が次第に増し、集客力
となるだけでなく、取材の獲得や、メディアへの露出にもつながっていき
ます。

Chapter
01
Chapter 02
Chapter 03
Chapter 04
Chapter 05
Chapter 06

→ 読者をファンへと深める

　検索エンジンやSNSからあなたのブログにたどり着き、コンテンツを読んでもらい悩みを解決してもらった後も繰り返しブログに訪れてもらう、そして、商品も購入して頂けるファンとなる。この階段を登ってもらうことは容易ではありません。アクセスを呼び込み、読者をファンへ深めるコンテンツとはどのように制作すれば良いのでしょうか。

　私は、信頼、共感、コミュニケーションの３つを重要視しています。

　些細なことでも、実際に読者が悩みを解決し、小さな成功が得られるような信頼性の高いコンテンツを提供することは信頼につながります。ブログ運営者の人となりがわかるようなコンテンツ、共通点を見出せるようなコンテンツは共感を生みます。コメントやメッセージ、SNSでのやりとりなどのコミュニケーションは読者との距離を近いものにするでしょう。信頼、共感、コミュニケーションの３つが揃うと、読者からファンへと深まっていきます。

　一例ですが、カメラは全く専門外の私も、同じ趣味の人、同じ郷土の人などと共通項を持ち、距離が縮められればと思い、日記感覚でこのようなコンテンツも時々書いています。

「柏の葉 T-SITE（蔦屋書店の周辺）にて長時間露光の夜景写真を撮影してみた」
https://m-ochiai.net/night-view-of-kashiwanoha/

Chapter

01

Chapter

02

Chapter

03

Chapter

04

Chapter

05

Chapter

06

専門家ブログをビジネスに活用する

　機械的に専門知識を提供していくだけのブログになると、どこか読者との距離が生まれてしまいがちですが、時々でもこのコンテンツのようにブログ運営者の趣味や地域の要素などを表に出しましょう。共感してくれる、距離を縮めてくれる読者が増えていきます。

※プライバシーの公開範囲には十分注意しましょう。

Chapter

01

Chapter 02

Chapter 03

Chapter 04

Chapter 05

Chapter 06

ブログのスタートと ゴールを決める

Section ▶ 05

→ ブログの目標設定

　あらゆる仕事において、目標があるのとないのとでは得られる成果も、それまでのプロセスも大違いです。何かを成し遂げようとする際には目標設定は欠かせない行為であり、ブログでもそれは同じです。

　ただ闇雲に更新していても、なかなか成果にはつながりません。日々のコンテンツ制作は、楽しい時もあれば面倒に感じることもあるでしょう。決められた目標がなければ、1日サボり、2日サボり、ついにはブログそのものを諦め、やめていってしまう人もたくさん見てきました。到達地点を明確にし、しっかりとブログを継続して成果を生み出すまでのプロセスのためにも、やはり目標設定は欠かせません。

　そうは言っても、どのようにブログの目標を設定すればよいのか、何を達成基準にすればよいのかわからない方は多いでしょう。また、目標設定のノウハウも世の中には多数出回っており、その手法の選択で頭を悩ませている方も多いかもしれません。ブログ運営においては、指標にできる数値が多数存在します。Google Analyticsなどのアクセス解析ツールを使えば、PV（ページビュー）、セッション、ユーザー数、直帰率、滞在時間など、いくらでも評価基準にできる数値が解析できてしまいます。こうなると運営だけでなく、目標管理まで面倒になってしまいかねません。

　そこで、ここではジョージ・T・ドラン氏が1981年に発表した目標設定法「SMARTの法則」から、以下の成功因子を意識した目標設定をお伝えいたします。

▶ S（Specific 具体的に）
　最初に、具体的にどのような行動を取り組むか？　ということを決めましょう。ここではブログの目標設定を立てるわけですから、コンテンツ（記事）を制作するという作業が具体的な行動になるわけです。例を挙げれば、

Chapter
01

Chapter
02

Chapter
03

Chapter
04

Chapter
05

Chapter
06

専門家ブログをビジネスに活用する

「最低2,000文字のコンテンツを1日1記事書いていく」というような形になります。

▶ M（Mesurable 計測可能であり）

　「顧客を増やす」とか「売上を伸ばす」など、曖昧な表現で目標は設定できません。計測ができなければ、目標に向かって進んでいるのかどうかを把握することができないからです。何らかの指標となる数字を設定する必要があります。記事数やPV、ユーザー数などを指標にする方が多いですが、私がおすすめしている指標は成約数です。ブログを経由して、何個販売できたのか？　何本の予約がとれたのか？　といった数字です。具体的な解説は後述しますが、私たちのようなビジネスブログでは、どれだけPVが向上しても売上に寄与しなければ意味がありません。

- 1万PVで1本予約が入るページ
- 100PVで3本予約が入るページ

　を比較した時に、私たちにとって価値があるのは後者です。記事数やPVももちろん大切な指標のひとつですが、最も意識して計測すべき指標は売上に直結した数字なのです。この数字を意識することで、最短距離で成果に近づけるようになっていきます。例を挙げれば、「月間成約数200本」というような形になります。

▶ A（Achievable 達成可能な）

　現実的に達成可能でなければ、いずれどこかで心が折れてしまいます。現状のあなたの力でも、努力すれば達成することができる数値にすべきです。

　ブログもスポーツなどと同じで、ある程度経験を積むことによって執筆のスピードが上がったり、成約させるためのライティングのテクニックが身についていきます。「月間1,000本の予約をとった！」「月間1,000万円売り上げた！」などの声を聞き、すでに成果のあがっている人を参考にして目標を設定してしまうと、自分の能力との差を強く感じて継続する気力を失ってしまうことにもなりかねません。現在の自分の立ち位置を考えた上

で、適切な数字におさめるようにしましょう。

▶ R（Result Oriented 成果に基づき）

　目標設定の際、その目標を達成して得られる成果物が、自分の得たいものに基づいていることではじめてモチベーションとなり、達成までの努力を維持することができます。例えば経営者の場合、本当に得たいものはお客様の数ではなく、成約数でしょう。お客さまの数がいくら多くても売上につながらなければ意味がありません。成約数という成果であれば直接売上に寄与するため、目的に適った目標になるわけです。

　前項でも挙げたPVやユーザー数は、必ず売上につながる数字ではなく、なかには「月間100万PVもあるけど売上にはまったく寄与していない」というブログやウェブサイトもかなりの数存在しています。成果に基づいた指標であるかどうか？　を確認した上で目標を設定していくように注意しましょう。

▶ T（Time-bound 期限が明確な）

　「期限が明確な」とは、「いつまでにその目標を達成するのか？」を確定しておくということです。つまり、目標に具体的な日付を入れておく必要があります。人間は先延ばししてしまう動物です。いくら成果に基づき達成可能な数字を目標にしても、期限を決めておかなければどんどん先延ばししてしまい、いつまでたっても達成できない形骸化された目標となってしまいます。例を挙げれば、目標とする指標の数字に対して「2020年の12月31日までに」というような日付を入れます。

　このS・M・A・R・Tを考慮して目標を立てると、

「2020年の12月31日までに、最低2,000文字のコンテンツを1日1記事書いていくことで、月間成約数200本を、達成し、月間売上1億円を得る」

　というような具体的な目標が完成するはずです。これにより数字と行動が伴った目標設定となるため、明確なビジョンを持って進むことができるようになります。

Chapter 01
Chapter 02
Chapter 03
Chapter 04
Chapter 05
Chapter 06
専門家ブログをビジネスに活用する

Chapter
01

Chapter
02

Chapter
03

Chapter
04

Chapter
05

Chapter
06

「私なんかが情報発信なんて…」と考えない

→ 発信することを恐れない

　「私なんかが情報発信なんて…」という心のブロックで、ブログが書けなくなってしまう人は本当に多いです。

- 私なんかがブログで情報発信なんておこがましい…
- 私より上の人なんてたくさんいるのに…

　このような思考に一度陥ってしまうと、なかなか筆が進まなくなってしまいます。私のもとにも、このような相談は絶え間なく届きます。大変多くの人がこの悩みを抱えているようです。

「なんでお前なんかが！　偉そうに！」

　といったような批判を受けるのではないかという不安もあるでしょう。気持ちは本当によくわかります。しかし、恐れる必要は何もありません。誰にでもブログで情報発信する権利はあります。

→ 書き始めたばかりのブログの影響力

　他人の目はとても気になります。ウェブニュースを見ていても「炎上」というキーワードを頻繁に見かけるため、恐ろしいと感じる人は多いことでしょう。ウェブ上における炎上リスクは、確かに存在しています。
　しかし、ブログの初期段階からたくさんのアクセスを獲得するのは、実際のところかなり難しいことでもあります。はっきり言えば、ブログ初心者のあなたのブログを読んでくれている人はほとんどいません。炎上リスクをゼロにすることはできませんが、初心者のうちに多数の批判や誹謗中

傷を受ける確率は、かなり低いというのが現実です。

　私自身も月間300万PV、40万PVというブログを育て、テレビにも出演し、書籍を出版するなどの経験を経ていますが、久しぶりに同級生に会ったり、遠い親戚に会うと『元気だった？　今、仕事は何をやっているの？』と訊かれることもしばしばです。

　リスク回避のための慎重なコンテンツ制作は重要です。しかし、人気芸能人でもない限り、書き始めたばかりのブログの影響力は微々たるものです。あまり他人の目を気にせず、コンテンツ制作を進めていきましょう。

→ 金メダリストだけがコーチではない

　どんな競技も、オリンピックの金メダリストしかコーチになれないわけではありません。プロ経験者だけがコーチとなるわけでもありません。あらゆる競技の土台は、熱心な素人のコーチが支えています。

　これはブログにおいても、さまざまな職種においても同様です。少年野球を教えているコーチのほとんどは、元メジャーリーガーではありません。料理教室で教える先生のほとんどはミシュランの星をとっていませんし、カラオケ教室の先生でグラミー賞を獲っている人もまずいないでしょう。

　「その道のトップにならなくては、ブログで情報発信などできない」と考えてしまっては、いつまでたっても始められません。少しでも他人に価値を与えられるならば、教えられるものがあるのであれば、すぐに行動に移しましょう。たった一人だけであっても、あなたの発信した情報に価値を感じてくれるのであれば、そのブログは価値ある存在なのです。

　ただし、事実と異なる発信や、必要以上に自分や自分の実績を大きく見せるような情報発信は読者への裏切りであり、絶対にあってはいけないことです。真実に基づいたコンテンツ、可能な限り質の高いコンテンツを意識し、価値のある発信を心がけましょう。

　どうしても自分の発信に自信を持てない場合は、取材やインタビュー記事からスタートするのもよいでしょう。

　テレビの情報番組などはほとんどこの手法を使っています。あるテーマに対し、出演者は素人であることがほとんどで、専門家の意見を聞き、それに対する自分の感想を述べるというこの手法はブログでも活用すること

Chapter
01
Chapter 02
Chapter 03
Chapter 04
Chapter 05
Chapter 06
専門家ブログをビジネスに活用する

Chapter

01

Chapter

02

Chapter

03

Chapter

04

Chapter

05

Chapter

06

ができるノウハウです。この方法であれば、自身の心のブロックも生じな
いはずです。

筆者も自分の専門外のテーマを扱う時は、取材記事の形をとっている
https://m-ochiai.net/category/interview-section/

Chapter **02**

WordPressを
設置する

Chapter
01

Chapter
02

Chapter
03

Chapter
04

Chapter
05

Chapter
06

WordPressを設置する

無料ブログとWordPress のどちらが適正か？

→ メリット・デメリットを確認してみよう

　ビジネスブログを始めると最初に待ち受ける問題が、無料ブログと、レンタルサーバーで独自ドメイン運用のどちらを選ぶべきか？　という選択です。

　世の中には、ドメイン費用もサーバー費用もかからない無料ブログサービスが多数存在します。株式会社サイバーエージェントが提供する「アメーバブログ」、株式会社はてなが提供する「はてなブログ」、LINE株式会社が提供する「ライブドアブログ」、FC2 inc.の提供する「FC2ブログ」などが有名です。

　対して、ドメイン費用、レンタルサーバー費用を自ら負担して運用する方法もあります。「お名前.com」、「ムームードメイン」などで独自のドメインを取得し、「エックスサーバー」、「ロリポップレンタルサーバー」などでサーバーを契約して運用する、いわゆる有料での運用方法です。

　ブログによる収益化を目指していく上で、どちらが適正なのか？　多くの人が悩むポイントになっていると思います。

　最初に私の結論から申し上げますと、ビジネスブログを運用するのであれば、有料での運用をおすすめします。なぜなら、無料ブログサービスには、収益化におけるリスク、デメリットが多数あるからです。

　私自身、無料ブログサービスのリスク、デメリットを肌で感じた経験者です。趣味で書くだけ、自分の日記として使いたいだけなので、とにかくコストをかけたくないという方は無料ブログサービスでも十分な機能は備わっていますが、直接毎日の生活に関わるビジネスブログでは、できる限りリスクは回避したいところです。

　私は、そこへのコストを惜しまないことをご提案します。なかでも、WordPressというCMSを使った運用方法をおすすめしています。

「私は初心者だから、まず無料ブログサービスで…」「まだ難しいことは
わからないから無料ブログサービスで…」という安易な考えでスタートし
てしまうと、後で後悔することになりかねません。無料ブログサービスで
の運用、WordPressによる独自ドメインとレンタルサーバーによる運用の
メリット・デメリットを確認していきましょう。

▶ 無料ブログサービスのデメリットを理解する

　開設や維持にコストがかからないのが無料ブログサービスの魅力です。し
かし無料サービスであるがゆえ、収益化を目指していくにはさまざまなリ
スクが生じます。まずは無料ブログのデメリットについて確認していきま
しょう。

●無料ブログのデメリット

- **無料ブログサービスはいくら育てても資産化できない**
  独自ドメインを持たない以上、あなたのものにはならない

- **強制広告の嵐**
  あなたのものではない広告も入るし、競合相手の広告が入る場合
  も

- **運営会社の規約に縛られてしまう**
  会社によってはアフィリエイトやアドセンスを禁止している場合
  もある

- **SEOで不利になる**
  検索結果に同じドメインが複数並ぶことは少ない。つまりライバ
  ルが増えてしまう

- **定期メンテナンスでチャンスを失う**
  メンテナンスばかりであなたに連絡が取れなかった、という人も
  いるかも知れない

- **フィルタリングでチャンスを失う**
  無料ブログは社内フィルタリングに引っかかってしまうかもしれ
  ない

Chapter 01
Chapter 02
Chapter 03
Chapter 04
Chapter 05
Chapter 06
WordPressを設置する

Chapter 01

Chapter 02

Chapter 03

Chapter 04

Chapter 05

Chapter 06

WordPressを設置する

- ## カスタマイズが不自由
  無料ブログをカスタマイズするにはHTMLやCSSの高度な知識が必要

- ## 親ドメインの影響による連帯責任
  他ユーザーがスパム行為を繰り返していると、あなたのブログも表示順位が下がる

- ## コミュニティの質が低い
  ビジネス目的でも熱意が低いユーザーが多い。高いレベルを目指すには不向きな環境だ

▶ WordPressによる独自ドメイン運用のメリット

　ここまでの話で、収益を得るためのビジネスブログにおいて、無料ブログサービスをメインブログとして活用することのリスクはご理解いただけたと思います。

　では、どのようにブログを始めるべきでしょうか？　繰り返しになりますが、収益ブログを目指すのであれば、

『WordPressによる独自ドメイン運用』

　これを私はおすすめしています。ビジネスブログでは「ブログを書けば書くほど、見込み客や購買客を呼び込むアクセスが増え、記事が積み重なるごとに資産となる」という運用方法が理想ですが、それに適した環境であるのが『WordPressによる独自ドメイン運用』なのです。

　数あるCMSの中でなぜWordPressなのか？　その理由は、ここからお伝えしていく多大なメリットがあるからです。今度は『WordPressによる独自ドメイン運用』のメリットについて確認していきましょう。

●**WordPressのメリット**

SEO に効果的	テーマも使える
WordPressのSEOに対する有効性はGoogle内部の人間を始め、多くの専門家によって認められている。ユーザーが手を加えずとも、自動的にSEO対策を行ってくれている部分もあるのがWordPressである。	WordPress自体は無料で使うことが可能。多くのユーザーが使い方のガイドを公開している上、難解なHTMLを覚えなくても無料で公開されている綺麗なテーマを使うことが可能だ。
広告が自由自在	すべてが自分のコントロール下
無料ブログと異なり、WordPressはどこかに広告を入れられるようなことはない。また、自分で広告を貼ることについての規制も一切ない。	無料ブログのように規約に反した結果、アカウントが削除されるということはない。WordPressを使う最大のメリットはここにあるといっても過言ではない。

▶ 無料ブログサービスをメインブログとして活用するのは、メリットよりもデメリットの比重のほうが高い

　ここまで述べてきた通り、ビジネスブログを構築していくことを考えると、無料ブログサービスをメインにした活動は、あらゆる面においてメリットよりもデメリットの比重のほうが高いと感じます。

　SEOという視点においても、運用する環境上においても、そのリスクは大きいです。これ以外にも、標準で搭載されているアクセス解析の信頼性が低かったり、自らが作成したコンテンツを、無料ブログサービスを提供する企業が自由に使用できる規約が存在したりと、各社さまざまなデメリットがあります。

　何よりも自分のコントロール下にないものを運用する不安定性は、ビジネスブログを運用する上で足枷となってくるでしょう。

　もちろん、ユーザー間のコミュニティが作りやすかったり、同サービスのユーザーからアクセスを見込めたりと、メリット面もないわけではあり

Chapter 01
Chapter 02
Chapter 03
Chapter 04
Chapter 05
Chapter 06
WordPressを設置する

ません。慣れた人がサブブログとして運用する分にはよいと思いますが、収益戦略の中心に無料ブログサービスを置くのはリスクが高すぎるのです。

▶ WordPressによる独自ドメイン運用のデメリット

　それでは、WordPressによる独自ドメイン運用のデメリットとは何でしょうか？　ひとつは、コストゼロでの運用ができないということです。レンタルサーバーを借りたり、ドメインを取得する必要がある為、月に1000円〜程度と、高額ではありませんが、その為の費用は必ず発生します。

　2つ目に、セキュリティ対策を十分に意識する必要がある点です。もちろん、WordPressそのものがセキュリティーに弱いということではありません。WordPressはオープンソースであり、世界的な規模で利用されているため、ハッキング等の対象として狙われやすい要素があります。

　3つ目に多くの無料ブログが有するコミュニティによるつながり（アメーバブログの読者登録や、はてなブログのはてなブックマークなど）が存在しない為、自力でアクセスを集める必要があるということです。始めたばかりの頃は本当にアクセスが無く、寂しい思いをするケースが多いのも事実です。

　この3点は、WordPressによる独自ドメイン運用のデメリットと言っても良いでしょう。カスタマイズの難易度や操作性について不安という声もよく聞きますが、テーマやプラグインが豊富で、インストールひとつで機能追加できるWordPressは、慣れてしまえば無料ブログよりも簡単だと私は感じています。セキュリティさえしっかりと気を使えば、デメリットは小さなものではないでしょうか。

Chapter

01

Chapter

02

Chapter

03

Chapter

04

Chapter

05

Chapter

06

レンタルサーバーを契約する

→ サーバーとは

　無料ブログと異なり、独自ドメインでブログを立ち上げようとするならば、サーバーが必要になってきます。サーバーとは何か？　を簡単に説明するならば、ホームページやブログのデータ等を置いておくスペースと考えていただければ理解しやすいでしょう。

　自前でサーバーを構築するには、知識も経験もコストも、さらには大きなリスクをも負う覚悟も必要になってきますので、初心者の場合はレンタルサーバーを契約する方が無難で安全性も確保できます。レンタルサーバーを契約することで、難しいこと、面倒なことは全てレンタルサーバーサービスにお任せし、ブログの構築に集中することが可能になります。ここではそのレンタルサーバーについてを説明していきます。

→ レンタルサーバーの選び方

　レンタルサーバーサービスは、非常に多くの会社が提供しており、そのサービスごとに、サービス内容、機能、容量、料金は異なります。インターネット上でレンタルサーバーサービスを検索すると、比較サイトなども多数見つかり、そこには驚くほど安い価格で提供している会社も複数存在します。

　しかしながら、安さだけで選んでしまうと、ビジネスブログを構築するにおいては十分な機能を備えていなかったり、サポートが満足いくレベルではなかったりと、後々後悔してしまうケースも少なくありません。

　そして、ある程度ブログを運用した後に、サーバーを引っ越すとなると、その労力はなかなかのものです。できる限り納得のいく内容のレンタルサーバーサービスと契約し、不要なストレスは無くして、コンテンツ制作に集中したいものです。

Chapter
01

Chapter
02

Chapter
03

Chapter
04

Chapter
05

Chapter
06

レンタルサーバーを選択する際に意識しておきたいことは、

- 動作・表示が高速であること
- 大量のアクセスにも耐えられる負荷体制を持っていること
- サポートが充実していること
- 高いセキュリティ体制を持っていること

最低限この4つは納得できる内容でありたいものです。その上で、

- 自動バックアップが標準搭載
- 快適な操作性で、管理画面が使いやすい
- WordPressでの使用に最適化されている

というものであれば尚良いでしょう。

これらの条件が揃ったレンタルサービスを契約する際にチェックしておくと良いでしょう。

→ 容量、機能、サポートの充実したレンタルサーバー

上記の条件の元、私は「エックスサーバー」というレンタルサーバーサービスを利用しています。私も数あるレンタルサーバーサービスを利用してきた経験がありますが、最終的にたどり着いたのがこの「エックスサーバー」であり、弊社の顧客にもお勧めしており、そのお客様からの評判も大変高いサービスです。

高速で、大量アクセスにも耐えうるレンタルサーバーで、サポートやセキュリティ面も充分に満足できるサービスとなっており、弊社に限らず、ブロガー、WordPressユーザーからの人気もとても高いレンタルサーバーサービスです。

エックスサーバーには、容量、転送量、データベースなどの違いで、X10プラン、X20プラン、X30プランがありますが、最も安いX10プラン（契約期間3ヶ月、初期費用3,000円、月額1,200円×3ヶ月、合計6,600円（税込7,128円））であっても容量は200GBもある為、1つのブログでは使いき

Chapter 01

Chapter 02

Chapter 03

Chapter 04

Chapter 05

Chapter 06

エックスサーバー
https://www.xserver.ne.jp/

大量アクセスに強く、高速、15年以上のサービス提供実績、サポートも充実しており、私も大変
満足しているレンタルサーバーサービスです

れないほどです。ビジネスブログの運用においてもX10プランで充分でしょう。

　ブログは管理者が寝ている時間でも常時稼働し、顧客はいつでも閲覧することができるメディアです。深夜や休日に何かのトラブルが起きる可能性も十分にあります。エックスサーバーでは24時間、365日、メールや電話でのサポートを提供してくれている為、この点も安心できます。

　最近は電話サポートを受け付けていないサービスも多いですが、本当に困った時は、メールの返信を待ったり、チャットボットとの会話は多大なストレスを感じるものです。直接人間どうしでの会話でトラブルを迅速に解決できることは、大きなメリットと言えるでしょう。

　ご紹介したエックスサーバーも料金は比較的安い価格帯ではありますが、容量の大きさや、機能性も高く、サポートの充実には驚くばかりです。サポートや機能性の薄い格安サービスで後悔するよりも、充実したサービスを展開しているレンタルサーバーを選択しましょう。

Chapter

01

Chapter

02

Chapter

03

Chapter

04

Chapter

05

Chapter

06

WordPressを設置する

Section
03 ドメインを取得する

→ ドメインとは

　レンタルサーバーを契約したら、次に必要なのはドメインの取得です。ド
メインとは、インターネット上の住所のようなもので、ホームページアド
レス（URL）の一部を担う文字列のことを指します。私のブログのホーム
ページアドレス（URL）を一例にしてみましょう。

https://m-ochiai.net/profile-ozs/

　この文字列を総じてホームページアドレス（URL）と呼びます。これを
分解すると、

「https:」の部分をプロトコル
「m-ochiai.net」の部分がドメイン
「profile-ozs」の部分がファイル名

　といったように分けられます。このドメイン部分は、あなたのWebサイ
トを識別する情報として利用されており（厳密には、ドメインに紐づくIP
アドレスで識別されています）、他の誰かと重複することはできません。誰
かが既に取得しているドメインを使用することはできない為、ある意味早
い者勝ちでの取得合戦となります。取得したドメインは年間の更新費用を
支払い続ける限り、継続して利用することが可能になります。
　ドメインを取得するサービスはレンタルサーバーと同様に、様々な会社
が提供しています。

→ ドメインの選び方

ドメインをさらに分解してみましょう。この時、m-ochiai.netのうち、m-ochiaiの部分をサブドメイン、.netの部分がトップレベルドメイン（またはTLD）と呼ばれます。

トップレベルドメインは、「.com」「.net」「.org」などを含め、膨大な種類が存在します。一般的には「.com」は企業のコーポレートサイトなど、商業組織用、「.net」はネットワーク用、公益財団やNPOなどの非営利組織は「.org」などのように使用されることが多いです。また、各国名の頭文字をとった「jp」（日本）、「us」（アメリカ合衆国）、「uk」（イギリス）などの国別トップレベルドメインも存在します。

これらのトップレベルドメインに加え、サブドメインを決める必要があります。トップレベルドメインと合わせた文字列に、他の取得者さえいなければ、この部分はあなたが自由に決めることができます。

ここで頭に入れておきたいのは、Webサイトの内容と極端に異なるドメインの取得はやめておきましょうということです。例えば、商社なのに「.org」を使うとか、学校教育関連ではないのに「.edu」を使うといったように、目的と異なるドメインの利用は、ユーザーを困惑させます。使い方によっては読者の信頼を失ってしまったり、不必要に不安にさせる行為にもなりかねません。

また、ドメインも取得する内容に応じて料金が変わってきます。これも安価であるからと、料金で決めてしまうことの無いようにしましょう。安いからといって、一般的にはあまり見かけないようなドメインを安易に使うことはお勧めできません。

安価であまり見かけないドメインは、スパマー（「スパム」を発信する人および事業者のこと）にもよく利用されています。最安値なら年額数十円などというものもありますが、ドメインの取得は一般的な相場でもせいぜい年額1000円弱〜4000円程度です。数十円〜数百円を出し渋ることで、あなたのブログがスパマーや詐欺業者などと同列に見られたり、誤解を受けてしまっては敵いません。自由に決めることは可能ですが、よく考え、読者の目線においても、あなたのブログの内容に合った、わかりやすいドメインを取得していきましょう。

Chapter 01
Chapter 02
Chapter 03
Chapter 04
Chapter 05
Chapter 06
WordPressを設置する

→ 使いやすさで選ぶドメイン管理会社

使いたいドメイン名が決まったら、早速ドメイン管理会社（レジストラ）を通じてドメインを取得していきましょう。さまざまなドメイン管理会社が存在していますが、ドメイン取得は価格そのものが安い為、どこで取得してもそれほど大きな価格差は発生しませんし、扱っているドメインの種類もさほど変わりません。各社が割引キャンペーンなどを打ち出すこともありますが、価格で判断するよりも、管理画面の使いやすさや、運営会社の信用度などで判断すると良いでしょう。

私がよく利用しているのは、GMOグループの「ムームードメイン」というサービスです。

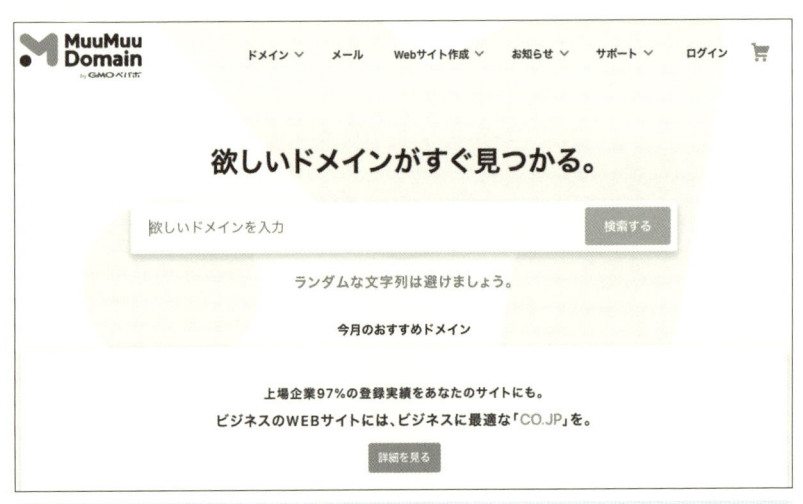

ムームードメイン
https://muumuu-domain.com/

ムームードメインは初心者にも向いている、使いやすいドメイン取得サービス。私もメインで使用しています

ドメイン管理会社の中には、ムームードメインよりも安価に提供しているサービスもありますが、ドメイン管理のコントロールパネルもシンプルで使いやすく、大手企業の運営の為、安心して利用できます。煩わしい作業も発生せず、初心者でも使いやすい仕様となっており、サービス内容と価格のバランスが良い会社と言えます。

Chapter 01
Chapter 02
Chapter 03
Chapter 04
Chapter 05
Chapter 06

WordPressを設置する

ブログをhttpから httpsに常時SSL化する

→ 自分のためにも読者のためにも暗号化を

httpとhttpsの違いは、通信内容が暗号化されているか否かということです。「https」は「Hyper Text Transfer Protocol Secure」の略で、暗号化された安全な通信という意味で使われています（「https」であれば100%安全が確保されるわけではない）。

もし、httpのままでブログの運用を続けると、その通信は暗号化されていないので覗き見されたり、書き換えられたりするリスクもあるのです。

読者があなたのブログを訪れた時、ブログとユーザー間のやりとりで暗号化された通信を利用できるようになるわけですから、我々ビジネスブログの運用者はなおさら必須要件となります。

→ httpとhttpsの表示の違い

▶ httpsによる接続の場合（Google Chrome使用）

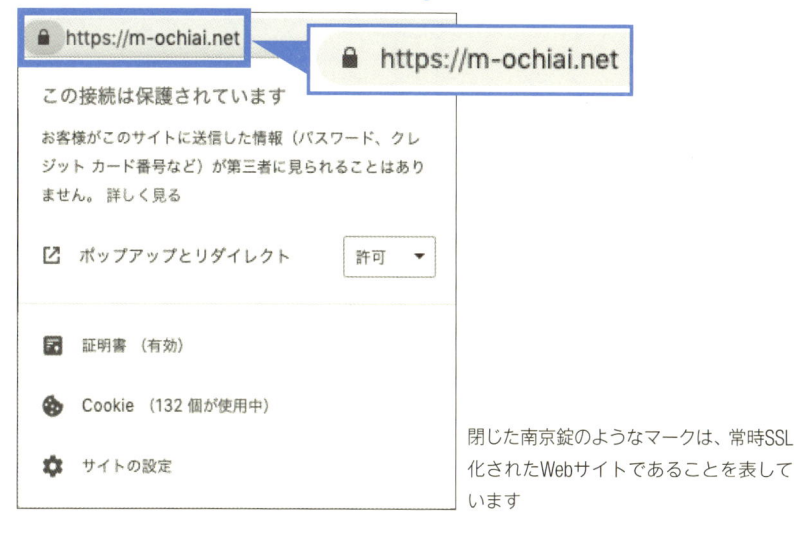

閉じた南京錠のようなマークは、常時SSL化されたWebサイトであることを表しています

Chapter 01
Chapter 02
Chapter 03
Chapter 04
Chapter 05
Chapter 06

ブラウザのアドレスバーには、保護された通信を意味する鍵マークが表示されます。鍵マークをクリックすると、このサイトにおける通信が第三者に見られることはないという表記も現れます。

▶ httpによる接続の場合（Google Chrome使用）

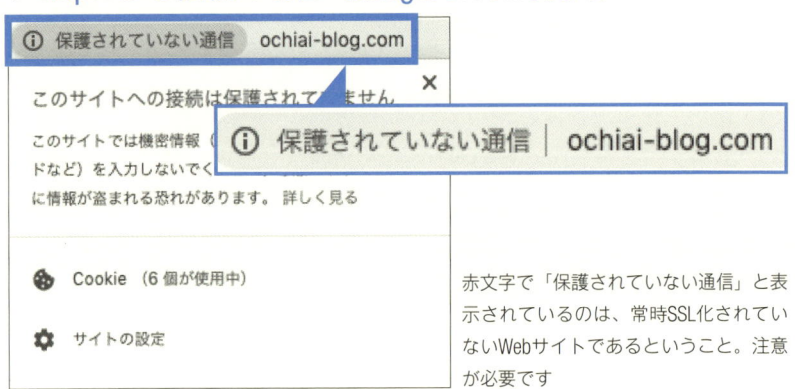

赤文字で「保護されていない通信」と表示されているのは、常時SSL化されていないWebサイトであるということ。注意が必要です

ブラウザのアドレスバーに表示された「保護されていない通信」をクリックすると、パスワードやクレジットカード情報などの機密情報を入力しないように、と警告が表示されます。

読者の安全なサイト利用環境を整えるのは、ビジネスブログ運営者にとっては義務と言ってもよいでしょう。

現在、httpsへの常時SSL化は欠かせません。読者からの信頼も失われてしまいますので、ブログ立上げと同時に設定していきましょう。

作業の手順は、各々ユーザーの利用しているサーバーや、その他の環境により異なります。レンタルサーバー各社は多くの場合、利用者に向けた常時SSL化の手順を案内しています。個々の環境に応じた対応で、ウェブサイト全体のhttps「常時SSL」を設定するようにしましょう。

> ドメインをhttpsにして、WordPressをインストールする方法につきましては、別途、無料マニュアルをご用意いたしましたので、下記URLよりダウンロードしてください。
>
> ## https://m-ochiai.net/benefits/

WordPressの最初に やっておきたい設定

Chapter 01

Chapter 02

Chapter 03

Chapter 04

Chapter 05

Chapter 06

WordPressを設置する

→ 一般設定

　WordPressのインストールが終わった後、まず最初にやっておきたい初期設定をお伝えいたします。WordPressは、テーマの導入やプラグインの設定を含めてカスタマイズできる項目が非常に多く、何から手をつければよいかわからなくなっている方も多いでしょう。まずは以下の初期設定を実施していきましょう。ブログ運営を始めてしまい、いくつかコンテンツを投稿した後に設定すると作業の手間が増えてしまうものもあるので、できるだけ早い段階で設定をしておきましょう。

ブログ運営において最初に必要な設定になります。間違いの無いように設定していきましょう

　こちらで設定しておきたいのは、サイトタイトルです。前述の説明を参考に、あなたが考え抜いたブログのタイトルを入力しましょう。

　次にメールアドレスの設定です。ここに入力したメールアドレスにWordPressの通知が届くようになります。WordPressからの通知には重要なものが多く、WordPressのバージョンが更新される際やコメントがついた際はもちろんのこと、使用するプラグインによっては、その他さまざ

Chapter

01

Chapter

02

Chapter

03

Chapter

04

Chapter

05

Chapter

06

まな通知を受け取るメールアドレスとなります。普段から頻繁にチェックしているメールアドレスを入力しておきましょう。

また、タイムゾーンの設定も確認しておくとよいでしょう。基本的には日本語版のWordPressをインストールした場合、最初から「東京」に設定されているはずです。

→ 表示設定

ホームページの表示や1ページに表示する最大投稿数などについては、使用するテーマなどに合わせて後で設定・変更することが可能です。それぞれのタイミングで自分の好みに合わせて変更するとよいでしょう。表示設定で一番確認しておきたいのは、「検索エンジンでの表示」の部分です。ここに「検索エンジンがサイトをインデックスしないようにする」のチェックボックスがあります。

「検索エンジンでの表示」は、チェックを入れてしまうと、検索エンジンには一切表示されなくなってしまいます。誤った設定をしないよう注意を

このチェックボックスにチェックを入れると、あなたのブログ全体にnoindexの構文が記述されます。noindexとは、Googleの検索エンジンにインデックスされないようにするための記述で、あらゆるキーワードで検索しても検索結果に表示されなくなってしまいます。

ウェブサイトやブログを構築している最中で、完成まで公開したくない場合に活用できますが、ビジネスブログは検索エンジンから探してもらう

のが集客の基本となるので、最初から最後までチェックを入れる必要はないでしょう。

　また、デザイン変更などの作業をするたびに、チェックを入れたり外したりを繰り返す方もいますが、SEOの観点からもあまり良い行為とは言えません。そして、ここにチェックが入ったままだといつまでたっても検索アクセスを獲得することができないので、外しておくようにしましょう。

→ ディスカッション設定

　コメントや、コメントに関わる通知などを設定する場所が、このディスカッション設定になります。コメント欄は炎上や誹謗中傷の要因でもありながら、SEOにも大きな影響を与えます。活発にコメントのやりとりが行われているウェブサイトやブログは高いSEO効果を得られます。そのため、十分な管理体制を敷いておくべき場所です。しっかりと自分の求める環境に合った設定を行っていきましょう。

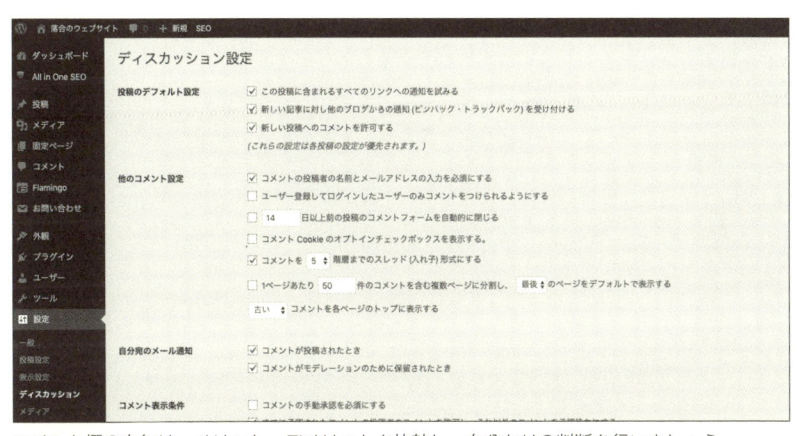

コメント欄の有無は、メリット、デメリットを比較し、自分なりの判断を行いましょう

　［投稿のデフォルト設定］は、すべてのチェック項目にチェックを入れてよいでしょう。「すべてのリンクへの通知を試みる」は、自分のサイトから他のサイトへリンクした場合、先方に通知メールが届くようになります。「他のブログからの通知を受け付ける」はその逆で、先方のサイトからリンクされた際に通知メールが届きます。

Chapter 01
Chapter 02
Chapter 03
Chapter 04
Chapter 05
Chapter 06

WordPressを設置する

Chapter 01
Chapter 02
Chapter 03
Chapter 04
Chapter 05
Chapter 06

WordPressを設置する

　重要なのは3つ目のチェックボックスで、「新しい投稿へのコメントを許可する」にチェックを入れておくと各記事ページでコメント欄が表示され、コメントを受け付ける設定となります。チェックを外すと変更後に作成された記事からはコメント欄そのものが表示されなくなり、コメントを受け付けない設定となります（変更以前に受け付けていたコメント欄は残る）。

　また、コメント受付の有無は各記事の投稿時にも設定可能です。各投稿で設定を行った場合は、そちらが優先されます。コメントはメリット・デメリット双方の影響力が強いので、よく考えて判断しましょう。

　次の［他のコメント設定］欄の最上部にある「コメントの投稿者の名前とメールアドレスの入力を必須にする」は、スパムコメントや誹謗中傷コメントを抑止する効果があるのでチェックしておくことをおすすめします。その他はブログの特性に合わせて設定するとよいでしょう。

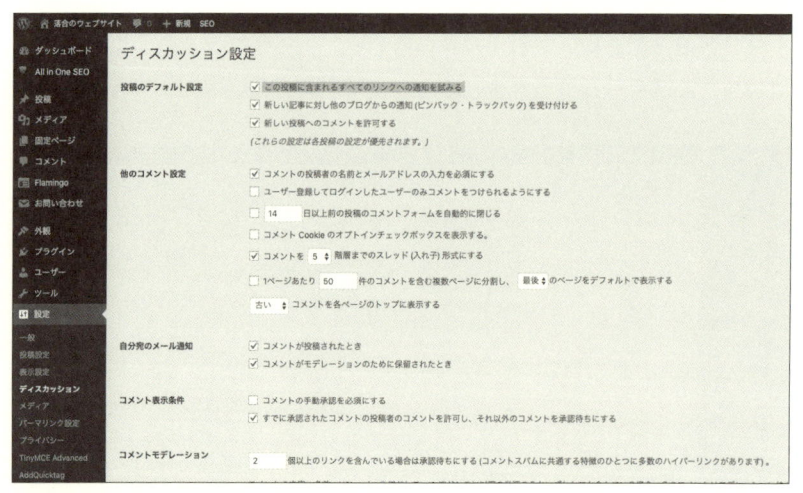

「コメントの投稿者の名前とメールアドレスの入力を必須にする」の項目は、チェックを入れればスパムなどに晒されるリスクを避けられる反面、コメントの総数は減ります。ブログの傾向に応じて判断しましょう

　［自分宛のメール通知］は、コメントを受け付けると一般設定に入力したメールアドレスに通知が届くようになります。いつでもコメントを確認できる利便性があるため、入力しておくことをおすすめします。

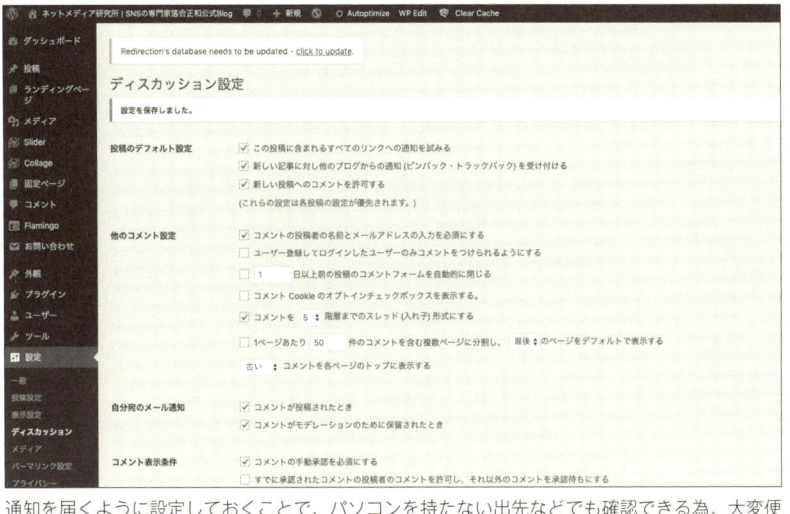

通知を届くように設定しておくことで、パソコンを持たない出先などでも確認できる為、大変便利です

[コメント表示条件] は、チェックを入れておくことでコメントの掲載を手動承認制にすることができます。しかし、一度承認したユーザーに何度も承認の手間をかけさせると印象も悪くなってしまいます。「すでに承認されたコメントの投稿者のコメントを許可し、それ以外のコメントを承認待ちにする」のほうにチェックを入れておくことをおすすめします。

→ パーマリンク設定

初期設定で特に重要な項目が、このパーマリンク設定です。パーマリンクとは、個々のブログコンテンツに割り当てられたURLを指します。

もともと“恒久”や“不変”を意味する「パーマネント」と「リンク」を合わせた造語ですが、その名の通り一度決定したら変えないのが理想です。パーマリンクの変更は、検索エンジンへの悪影響のみならず、ユーザーに迷惑をかけることにもなります。ブログ全体の構成に関わる要素であり、コンテンツの投稿前に必ず設定しておきましょう。

パーマリンクの設定には、“基本”、“日付と投稿名”、“月と投稿名”、“数字ベース”、“投稿名”、“カスタム構造”の6種類があります。どれを選んでも構いませんが、数字ベースの場合はURLからコンテンツの内容を判断す

Chapter
01

Chapter
02

Chapter
03

Chapter
04

Chapter
05

Chapter
06

るのが難しく、後にリライトすることを考えると日付が入るのもややこしいものです。

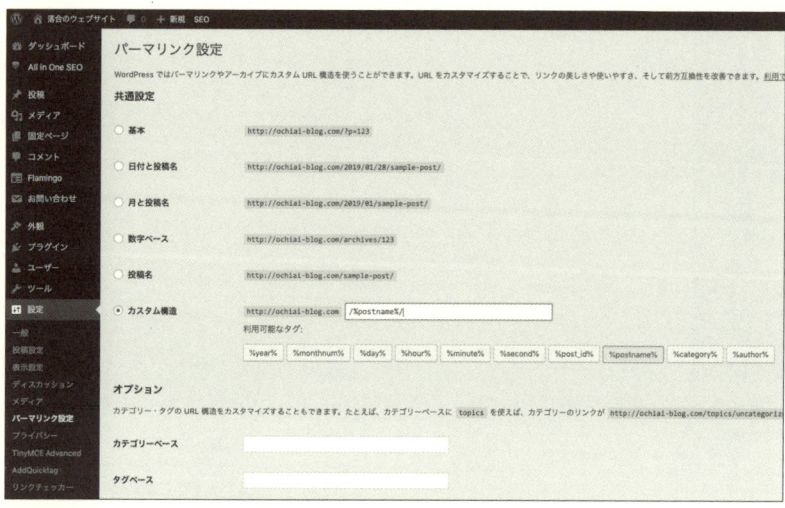

パーマリンクの設定は途中変更が大変困難なもの。慎重に設定しましょう

　さらに読者のことを考えるのであれば、できるだけシンプルなものがよいでしょう。私がおすすめするのは、"カスタム構造"で/%postname%/を入れる方法です。毎回手動で入力する手間はかかりますが、シンプルでユーザビリティも良く、ブログ運営者にとっても管理しやすいURLとなります。Googleも「サーチコンソールのヘルプにおける記載で、サイトのURL構造はできる限りシンプルにします。論理的かつ人間が理解できる方法で（可能な場合はIDではなく意味のある単語を使用して）URLを構成できるよう、コンテンツを分類します」と述べており、このようなシンプル構造を推奨しています。

　また、複数のパラメーターを含むURLや過度に複雑なURLは、クロール（Googleが検索エンジンに追加する際、新しいページ、更新されたページを巡回・検出することを指す）の際に問題が生じるとも述べています。これらの内容からも、/%postname%/を加えるだけのシンプルなURLはSEOなどにおいても良い影響を与えることがわかります。

Section ▶06 テーマをつかって
デザインを整える

→ WordPressにおけるテーマとは？

　WordPressにはさまざまな「テーマ」が用意されています。「テーマ」とは複数のファイルの集合体で、簡単に言えばブログの「着せ替え」ができます。無料ブログサービスでの「テンプレート」や「スキン」のようなものです。

　「テーマ」を使用することで、ブログのレイアウトやデザイン、機能を簡単に変更することができます。WordPressテーマディレクトリには数千の美しいデザインが用意されており、自由に選ぶことができます。また、テーマディレクトリに気に入ったものがなかったとしても、世界中にテーマの製作者がおり、外部で購入した「テーマ」をアップロードして使うこともできます。インストールして「有効化」するだけで、あなたのブログが一瞬で違うデザインに生まれ変わります。

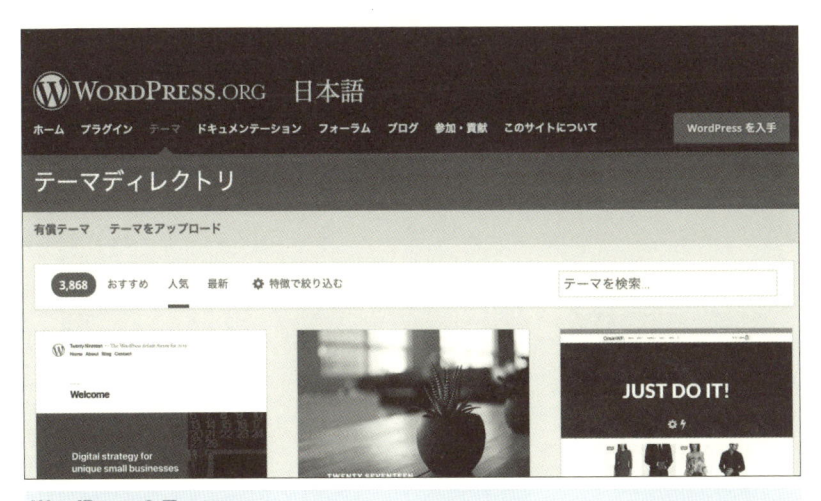

WordPressのテーマ
https://ja.wordpress.org/themes/

WordPressにはさまざまなデザインのテーマが大変豊富に用意されている

Chapter 01
Chapter 02
Chapter 03
Chapter 04
Chapter 05
Chapter 06

WordPressを設置する

Chapter
01

Chapter
02

Chapter
03

Chapter
04

Chapter
05

Chapter
06

WordPressを設置する

　ただし、テーマによっては見た目は美しくてもセキュリティが甘かったり、まったくアップデートされなかったりするためにインストールしたプラグインが利用できないなどの使い勝手の悪いものもあるので注意が必要です。

　ここでは本書の執筆時点での私のおすすめの「無料テーマ」をご紹介します。

→ Giraffe（無料テーマ）

　「Giraffe」は、株式会社ファンファーレの提供する無料テーマです。このテーマはブログマーケティングに特化したデザインとなっており、「1カラム」、「ランディングページ」などの複数の固定ページを選択できる機能や、CTA（コールトゥアクション）などのブログマーケティングに欲しい機能が存分に用意されています。

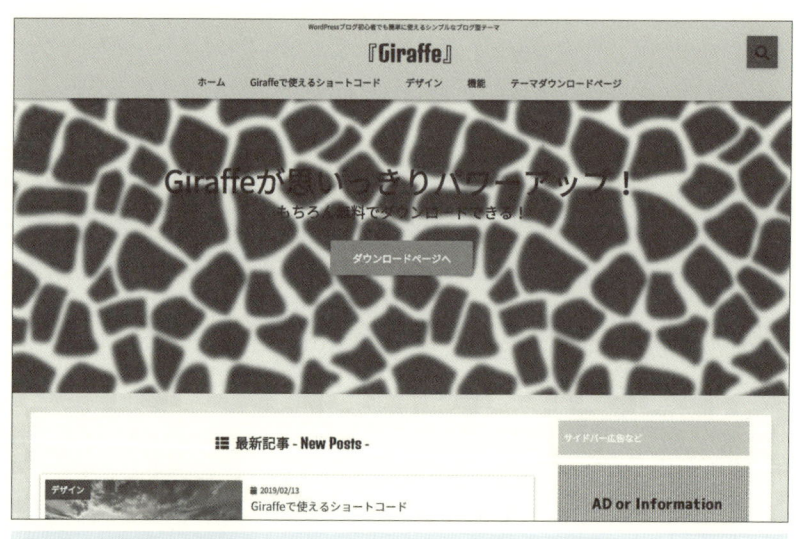

Giraffe（無料テーマ）
https://junichi-manga.com/giraffe/
SNSボタン、ランディングページも用意されており、ビジネスブログの運営に向いたテーマです

▶ 機能
　プラグインを入れる必要がなく、はじめから記事の上と下の双方にSNS

ボタンが標準装備されており、SNSでのシェアも簡単にできる仕様です。

「Giraffe」はシンプルかつ初心者向けの使いやすいテーマ。無料ながらCTAなど、ブログに欲しい機能はしっかりと用意されています

　記事の下には簡単にCTAを設置することができます。読んでほしいページへのリンクを設置したり、メルマガの購読を案内したり、資料請求を提案したりと、ユーザーに向けてさまざまなオファーを提示できます。

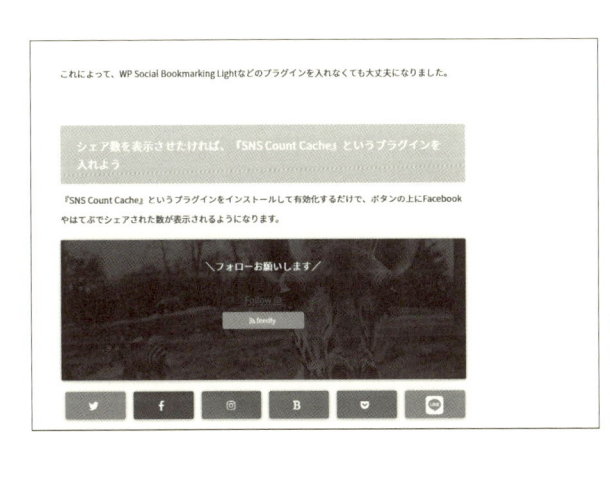

固定ページのカラムの設定は4種類。無料とは思えない豊富な機能が用意されています

　また、固定ページを「1カラム（SNSボタンあり）」、「1カラム（SNSボタンなし）」、「2カラム」、「ランディングページ」の計4種類を設置することが可能です。目的や仕様用途に合わせてユーザーの思うままにカスタマイズできます。

　サイドバーを使用せずにコンテンツ一本で勝負したいときは、1カラムが効果的です。SNSボタンの設置の有無も選択できます。また、ランディ

Chapter 01
Chapter 02
Chapter 03
Chapter 04
Chapter 05
Chapter 06
WordPressを設置する

Chapter 01
Chapter 02
Chapter 03
Chapter 04
Chapter 05
Chapter 06

WordPressを設置する

ングページは外部への不要なリンクを一切外し、スムーズにCTAへ導き、コンバージョンさせることに特化した仕様です。必要に応じて使い分けましょう。

本テーマのみならず、子テーマも用意されています。無料テーマにも関わらず、初心者にはありがたい気配りですね

▶ おすすめポイント

　テーマ開発者の松原潤一さん自身がブログマーケティングのプロであるだけに、欲しい機能がしっかりと整っています。シンプルな構成となっているため、初心者にも使いやすいでしょう。私が一番におすすめしたい無料テーマです。

WordPressで導入して おきたいプラグイン

→ WordPressに初期設定で用意されたプラグイン

　WordPressには5万を超える数の「プラグイン」が用意されています。プラグインをインストールすることで、WordPressの基本機能やテーマの中にはない機能を、あなたのブログに追加していくことができます。エディターをより使いやすいものにしたり、問い合わせフォームを設置したり、サイトの読み込みを高速化したりと、さまざまな機能を持ったプラグインを使って思いのままにWordPressを拡張していくことが可能です。ここではそのプラグインについて解説していきましょう。

　まず最初にWordPressをインストールした段階で、Akismet、Hello Dolly、WP Multibyte Patchの3つのプラグインが初期インストールされています。この3つのプラグインから解説していきましょう。

▶ Akismet

　Akismetは、スパムコメントを自動的に判別し、振り分けてくれるプラグインです。受信したコメントを自動的にすべてチェックし、スパムだと判断したものをフィルターをかけて振るい落としてくれます。履歴も残るので、そのコメントがAkismetによって承認されたかどうか、スパムか非スパムか判定別に見返すこともできます。すでにインストールされているので、あとは有効化して設定するだけで利用できます。大変便利なプラグインなので活用していきましょう。

Chapter 01
Chapter 02
Chapter 03
Chapter 04
Chapter 05
Chapter 06

WordPressを設置する

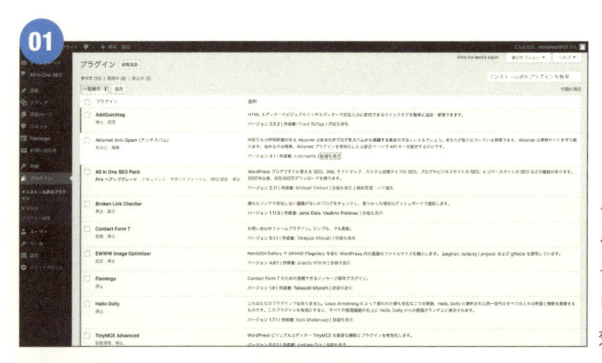

ダッシュボードの「プラグイン」をクリックし、プラグイン一覧の中から「Akismet」を選択して有効化する

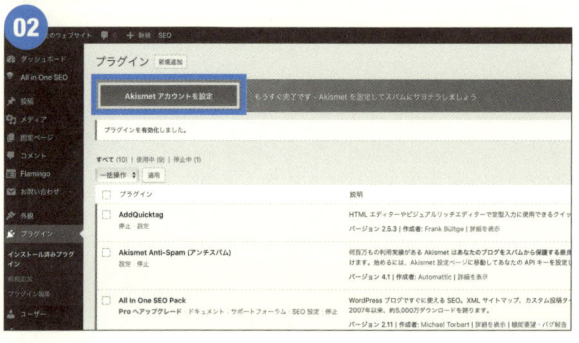

「Akismetアカウントを設定」をクリック

次に表示された画面で「APIキーを取得」をクリック

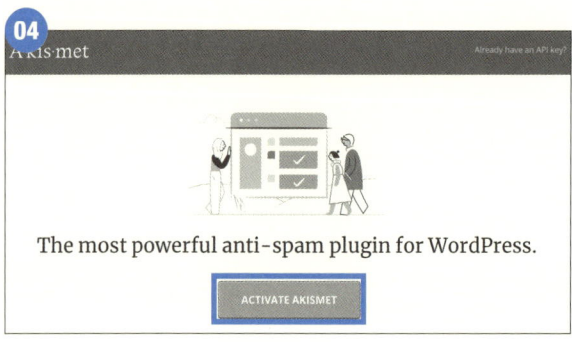

次に表示された画面中央「ACTIVATE AKISMET」のボタンをクリック

Chapter 01
Chapter 02
Chapter 03
Chapter 04
Chapter 05
Chapter 06

WordPressを設置する

Chapter 01
Chapter 02
Chapter 03
Chapter 04
Chapter 05
Chapter 06

05

WordPress.com アカウントを使用して Akismet にサインアップする

Not sure what this is all about? We can help clear that up for you.

あなたのメールアドレス

ユーザー名を選択

パスワードを選択

アカウントを作成すると利用規約に合意したものとみなされます。

アカウントを作成

WordPress.com サイトをお持ちの場合はログ
インしてください。

W

Welcome to WordPress.com!

Thank you for signing up with WordPress.com. You created a
WordPress.com account with your Akismet sign up. Akismet
is just one of several glorious doodads brought to you by the
jolly people at Automattic. Click the button below to activate
your account.

アカウントを有効化

メールアドレス、ユーザ
ー名、パスワードを入力
する画面が表示される。
すべて必須事項となるの
で、これらを入力して
「アカウントを作成」をク
リック。入力したメール
アドレスにWordPressか
らのメールが受信されて
いるので、メール内の「ア
カウントを有効化」をク
リックすれば、アカウン
トの作成は完了

06

Personal	Plus	Enterprise
Spam protection for personal sites and blogs.	Spam protection for professional or commercial sites and blogs	Bulletproof spam protection for large networks or multisite installations.
Name your price	¥7,375	¥68,750
Help us fight spam	Per year	Per year
Add Personal Subscription	Add Plus Subscription	Add Enterprise Subscription
FEATURES	FEATURES	FEATURES
Spam Protection	Spam Protection	Spam Protection
Supports commercial sites	Supports commercial sites	Supports commercial sites
Advanced stats	Advanced stats	Advanced stats
Priority support	Priority support	Priority support
Unlimited number of sites	Unlimited number of sites	Unlimited number of sites

Expecting **extremely high volume?** Please get in touch.

再度ダッシュボードの
「プラグイン」をクリック
し、「Akismet」の設定に
進む。先ほどと同じく
「APIキーを取得」をクリ
ックすると、3つのプラ
ンを選択する画面が出て
くる。一番左の無料プラ
ンである「Personal」を選
択する

WordPressを設置する

Chapter 01
Chapter 02
Chapter 03
Chapter 04
Chapter 05
Chapter 06

WordPressを設置する

07

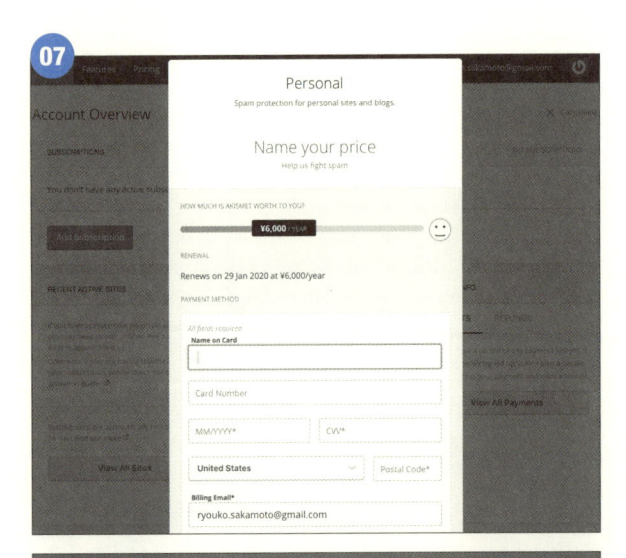

すると、無料を選択した
にもかかわらず、デフォ
ルトで年間6,000円のパ
ラメーターが表示されて
しまっているので、左端
までドラッグして年間0
円にすれば、下のカード
情報入力画面も自動的に
消えて問題なく無料で使
えるようになる

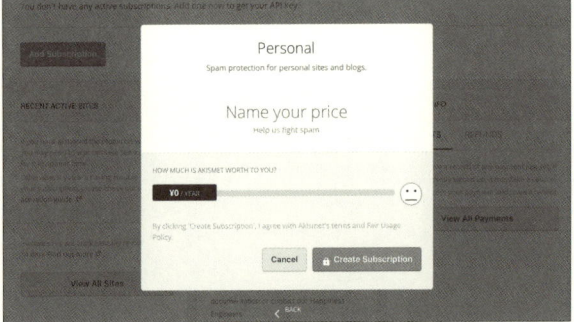

08

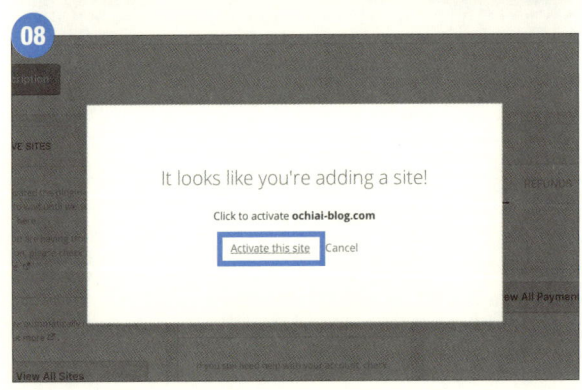

「Got it」「Activate this site」
をクリック。これで設定
は完了する

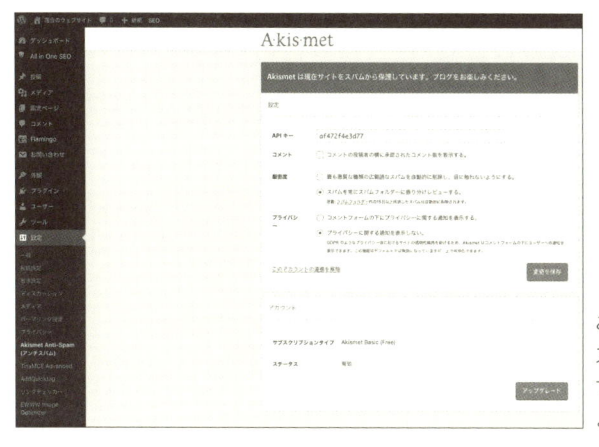

これで設定は完了です。スパム対策として必須のプラグインと言えるでしょう

　少し設定が面倒かもしれませんが、プラグインの設定も最初にやっておきたい項目です。WordPressのインストール後、早めに対応しておきましょう。

▶ Hello Dolly

　「Hello Dolly」は世界的なジャズ・ミュージシャン、ルイ・アームストロングの代表曲Hello Dollyから名付けられたプラグインです。このプラグインの機能はとてもシンプルで、有効化することでダッシュボードの右上に小さな文字でHello Dollyの歌詞が表示されます。

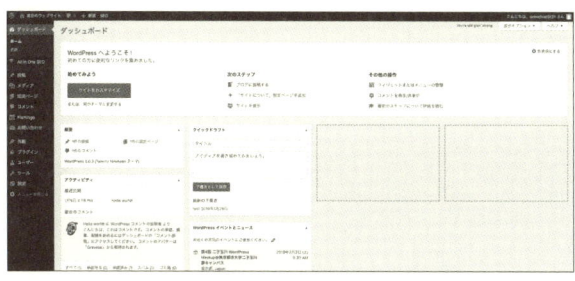

画面右上に小さな文字で歌詞が流れる。ただそれだけのプラグイン

　歌詞を書き換えることもできます。削除してしまってもビジネスブログを構築していく上ではまったく差し支えのないプラグインではありますが、ダッシュボードの操作中はいつ何時でも表示されており、趣のあるプラグインです。

Chapter 01
Chapter 02
Chapter 03
Chapter 04
Chapter 05
Chapter 06
WordPressを設置する

▶ WP Multibyte Patch

　我々が普段使用している日本語フォントは、1文字を2バイト以上（全角）で表示するマルチバイト文字です。すると、1文字1バイト（半角）のアルファベッドを使用する英語圏で作られたWordPressでそのまま日本語を使うと、場合によっては文字化けするなど不具合が生じることがあります。そのため、日本語でもしっかり動作できるよう、この「WP Multibyte Patch」というプラグインは欠かせません。

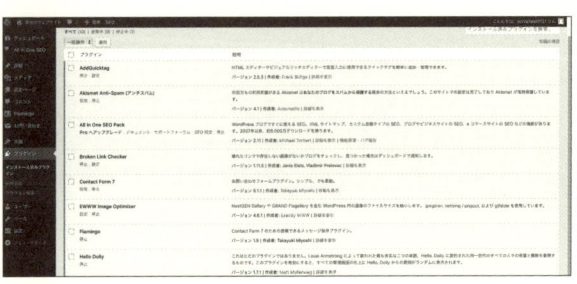

ダッシュボードの「プラグイン」から「WP Multibyte Patch」を選択して有効化をクリック

　特にその他の設定事項はありません。以上で完了です。

→ インストールしておきたいプラグイン

　ここでは、SEOの設定を担う便利なプラグイン、画像を最適化することでページの速度を向上させるプラグイン、フォームを簡単に設置できるプラグインなど、WordPressを運用するにあたって最低限必要なプラグインをご紹介していきます。

▶ All in One SEO Pack

　All in One SEO Packは、WordPressでのブログ運用において必要とされるさまざまなSEO設定を可能にしてくれるプラグインです。多機能なプラグインのため設定項目が多いですが、最低限必要な設定に絞って解説いたします。

▶ All in One SEO Pack 設定

　それでは、All in One SEO Packの設定をしていきましょう。

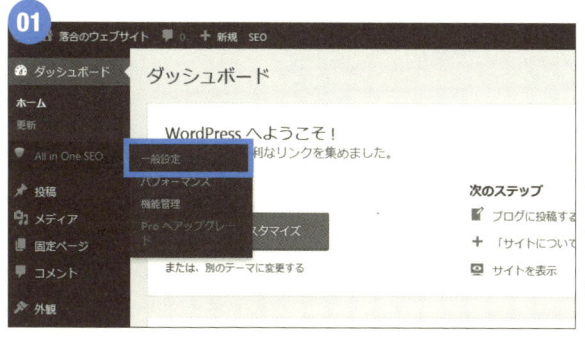

Chapter 01

Chapter 02

Chapter 03

Chapter 04

Chapter 05

Chapter 06

プラグインをインストールし有効化した後、ダッシュボードの「All in One SEO Pack」→「一般設定」を選択する

まず6つの項目があり、すでにいくつかにチェックマークがついています。最低限必要な設定に絞っているため、ここでは触れずにおきます。

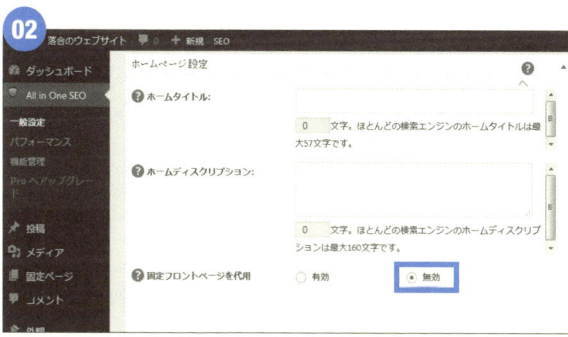

次に「ホームページ設定」でホームページのタイトルおよび概要を記入する。最後の「固定フロントページを代用」は「無効」にチェックが入ったままにしておく

次に続く「タイトル設定」「コンテンツタイプ設定」「表示設定」はこのままにしておき、その次の「ウェブマスター認証」に進みましょう。ここでは一番上の「Google Search Console」の設定をします。

一旦WordPressを離れ、ブラウザで「Google Search Console」を検索する。Googleの公式ページにアクセスし、「今すぐ開始」をクリック

Chapter 01
Chapter 02
Chapter 03
Chapter 04
Chapter 05
Chapter 06

WordPressを設置する

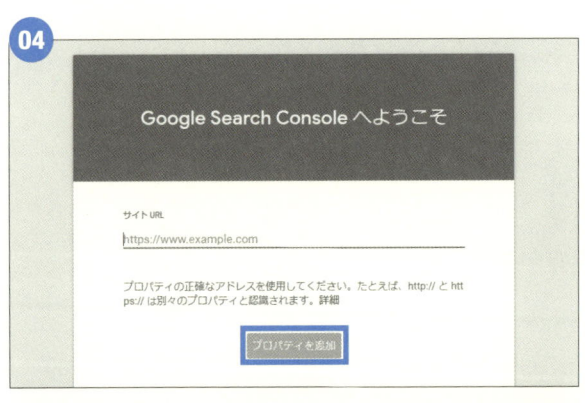

次にURLを入力する画面が表示されるので、サイトのドメイン名を入力し、「プロパティを追加」をクリック

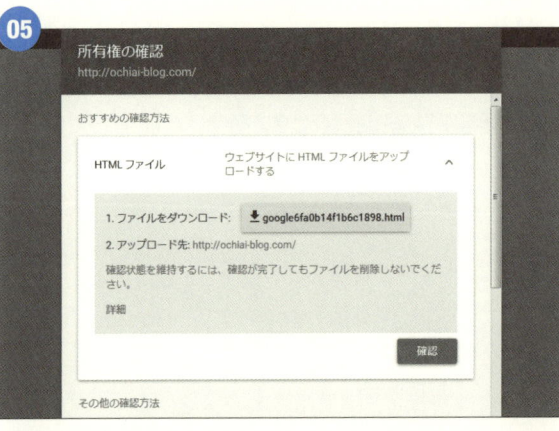

すると「所有権の確認」というステップに進む

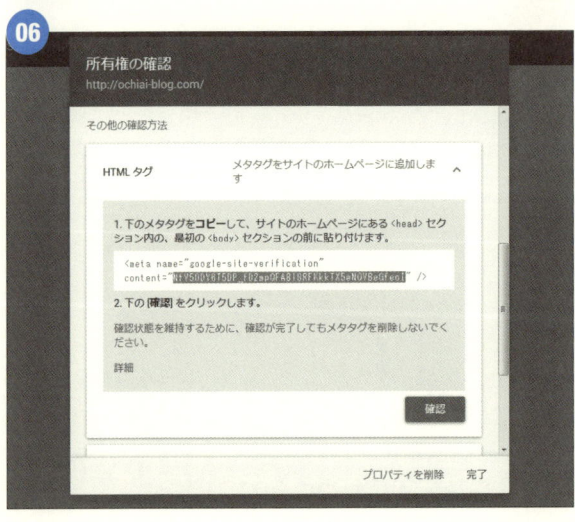

少し下にスクロールすると「その他の確認方法」に「HTMLタグ」という項目があるので、右端の下三角のボタンをクリックして詳細を表示させる。メタタグが表示されるので、「content=」の後に「"」でくくられた部分をコピーし、この画面は一旦このままにしてく。まだ「確認」ボタンは押さないように

WordPressのAll in One SEO Packの設定画面に戻り、今コピーしたテキスト情報をペーストする

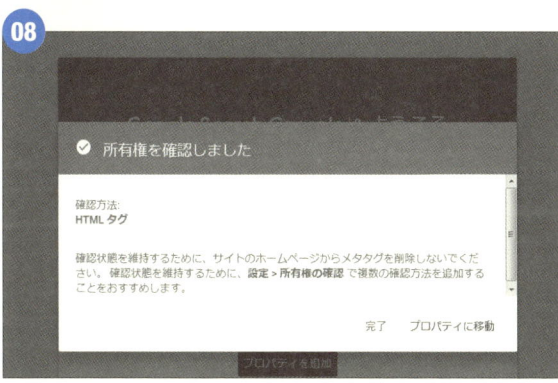

画面最下部の「設定を更新」をクリックし、再びGoogle Search Consoleのページに戻り「確認」ボタンをクリック。「所有権を確認しました」という画面が表示されれば、ここの設定は完了となる

次に「Noindex設定」に進みます。ここでは検索エンジンにインデックスさせたくないページの設定をしていきます。

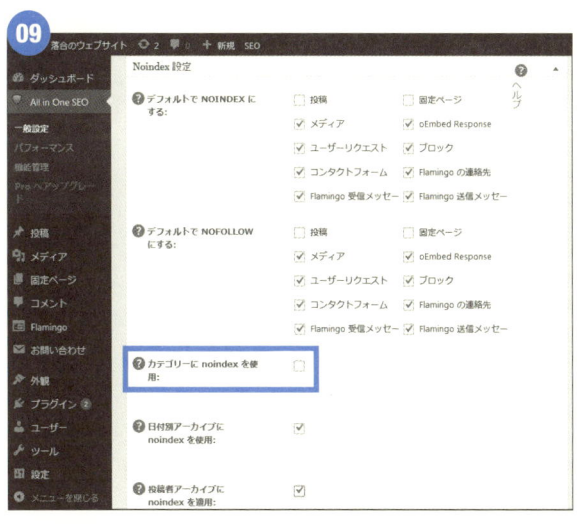

Noindex、Nofollowはコンタクトフォームにチェックを入れ「カテゴリー」のチェックは外しておく。「タグをnoindexにする」「検索ページにnoindexを使用」「404ページにnoindexを使用」の3点にはチェックを入れる

Chapter 01
Chapter 02
Chapter 03
Chapter 04
Chapter 05
Chapter 06

WordPressを設置する

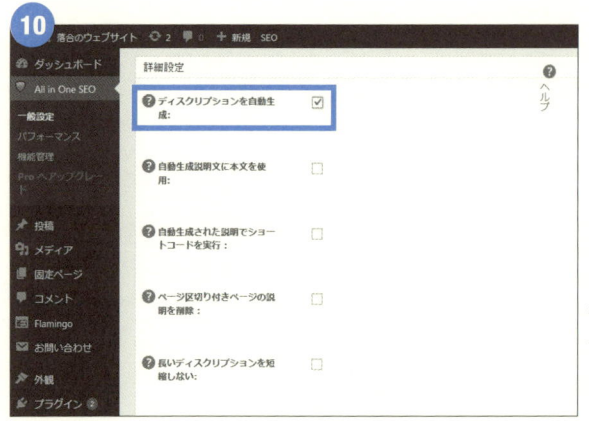

次の「詳細設定」は基本的にはデフォルト設定に従うだけで問題ないが、一番上の「ディスクリプションを自動生成」にチェックを入れる

最後の「キーワード設定」も無効のままで問題ないので、忘れず「設定を更新」ボタンをクリックしましょう。All in One SEO Packの設定はこれで終了となります。設定項目が大変多いプラグインではありますが、最低限の項目を設定しておきましょう。

▶ All in One SEO Pack その他の設定

ダッシュボードの「All in One SEO Pack」の下に「パフォーマンス」と「機能管理」という項目が残っています。これらも特に変更する必要がないので、以上でSEO対策の最低限かつ基本的な設定は完了です。

▶ EWW Image Optimizer

ブログにおける画像の活用は、テキストでは伝えきれない情報を提供できるという意味でも大変重要なものです。また、ブログの見た目の印象にも大きな影響を与えます。

ブログを長く運用していると、次第に扱う画像の数も増えていきます。その画像ファイルの容量が大きくなるにつれてブログの表示速度がどんどん遅くなり、ユーザビリティの低下、ひいてはアクセスの減少の要因にもなります。検索エンジンは表示速度が速いウェブサイトを評価する傾向にもあるので、検索順位の向上という観点からも画像ファイルの容量に対する施策は必須要件です。

そこでおすすめしたいのが、EWW Image Optimizer というプラグインです。このプラグインは、画像を劣化させることなく最適化し、ウェブサイトの表示速度を向上させてくれます。

ブログのように頻繁に画像を使用し、記事数が増え続けるタイプのウェブサイトには欠かせないプラグインとなります。EWW Image Optimizer は画像をアップロードする際に自動で最適化してくれるだけでなく、過去にアップロードした画像もまとめて最適化することもできるので大変便利です。

▶ EWW Image Optimizerを設定する

次にEWW Image Optimizerの設定をしていきましょう。

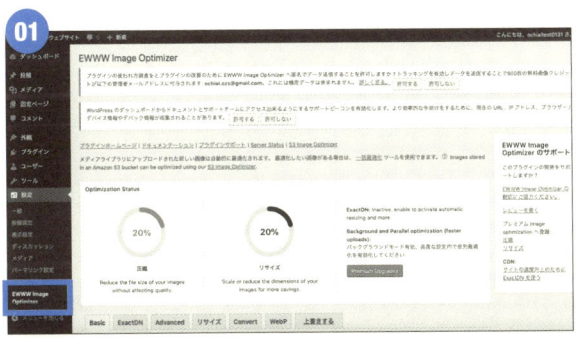

プラグインをインストールし有効化した後、ダッシュボードの「設定」→「EWW Image Optimizer」を選択する

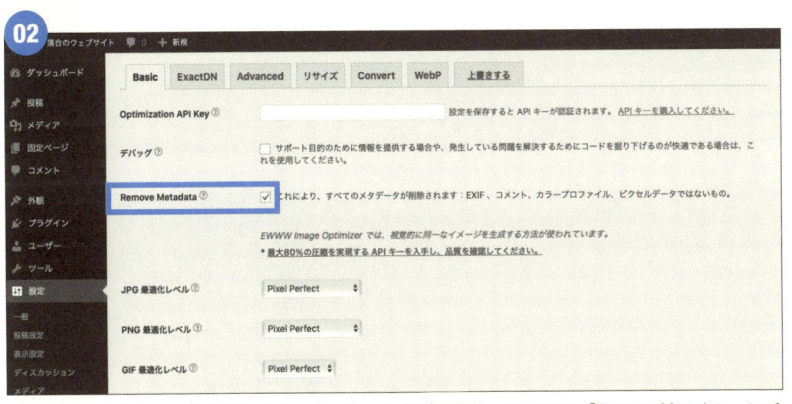

プラグインの設定ページを開いたら、「Basic」のタブを開く。ここでは「Remove Metadata」にチェックを入れておく。これにより画像に付随したexif情報などを自動で削除することができる。不要なデータを削除することでファイルの容量を削減できるほか、セキュリティレベルも向上する。exif情報の中には、撮影日時や撮影機器の機種名、GPS情報なども盛り込まれているため、安全面を考慮してチェックを入れておこう

Chapter 01
Chapter 02
Chapter 03
Chapter 04
Chapter 05
Chapter 06
WordPressを設置する

Chapter 01
Chapter 02
Chapter 03
Chapter 04
Chapter 05
Chapter 06

WordPressを設置する

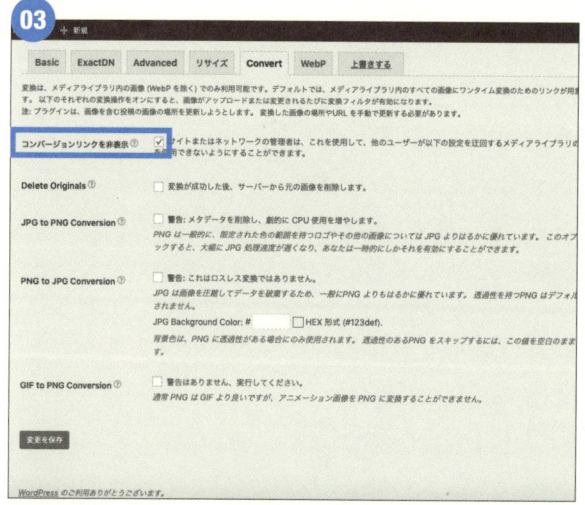

次に「Convert」を開き、「コンバージョンリンクを非表示」にチェックを入れる。EWW Image Optimizerにはpngをjpg に、jpgをpngに拡張子を変換する機能が備わっており、ここにチェックを入れておくことで、その変換機能を無効にすることができる。拡張子変換による画像クオリティの低下を防ぐためにも、ここにはチェックを入れておこう

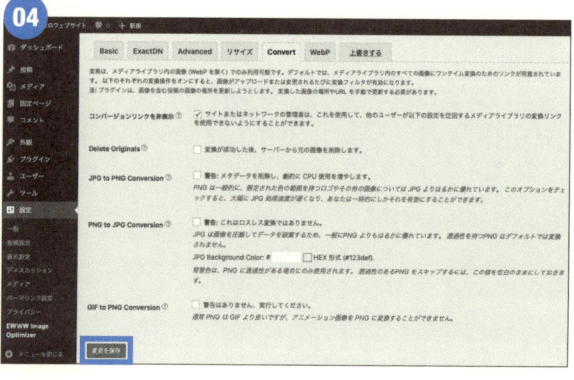

最後に「変更を保存」ボタンをクリックし、EWW Image Optimizerの設定は終了

　ここまでの設定をしておけば、EWW Image Optimizerを有効化しているだけで、今後アップロードされる画像はプラグインが自動的に最適化してくれます。

▶ Broken Link Checker

　「Broken Link Checker」は、自分のウェブサイトから外部サイトへ張られたリンクをチェックし、リンク切れがあった際に通知をくれるプラグインです。リンク切れの放置は読者からの信頼を失うばかりでなく、SEOの観点からも不利益となってしまうため、このプラグインを活用することで管理していきましょう。

▶ Broken Link Checkerの設定

Broken Link Checkerの設定をしていきましょう。

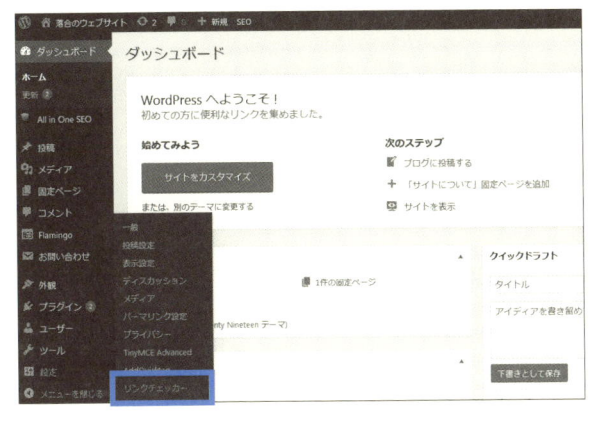

プラグインをインストールし有効化した後、ダッシュボードの「設定」→「リンクチェッカー」を選択する

設定項目が多く、「一般」「含まれるリンクを探す」「チェックするリンクの種類」「プロトコル＆API」「高度な設定」の5つのタブがありますが、基本的にはデフォルト設定を維持して問題ありません。ここでは設定項目の確認をしておきましょう。

▶ Broken Link Checkerの使い方

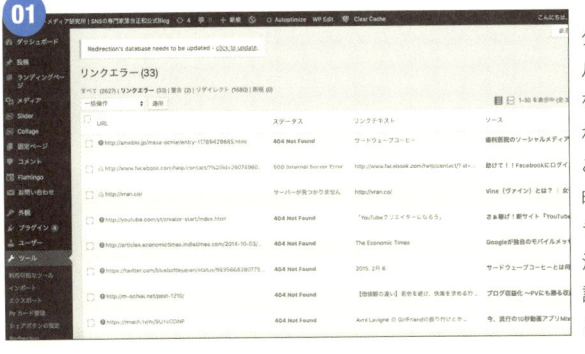

ダッシュボードの「ツール」→「リンクエラー」を選択する。リンクが切れたURLが存在する場合、ここに表示される。この時、ウェブサイト内のエラーリンクの上には打ち消し線が自動で引かれ、読者にリンク切れをお知らせしてくれる

リンクエラーがある場合はこのような画面が表示されているので、「URLを編集」や「リンク解除」からリンクエラーを解消しよう

Chapter

01

Chapter

02

Chapter

03

Chapter

04

Chapter

05

Chapter

06

▶ Contact Form7

　ビジネスブログを立ち上げる際、あらゆる場面でフォームの存在は欠かせません。「Contact Form7」は簡単な設定でフォームを生成、表示することができるプラグインです。入力項目の追加・削除や、フォームに送信された内容をメールで受け取ることもできる大変便利なプラグインとなっています。

▶ Contact Form 7の設定

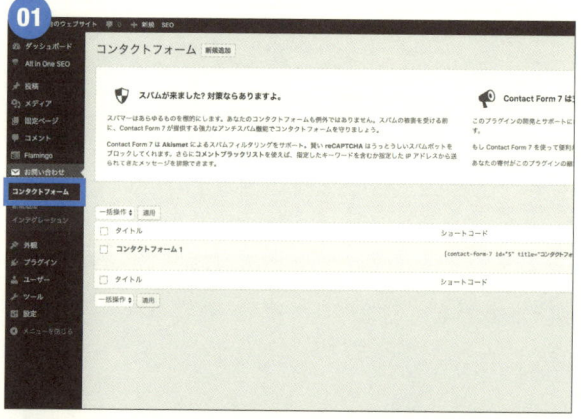

プラグインをインストールし有効化した後、ダッシュボードの「お問い合わせ」→「コンタクトフォーム」を選択する

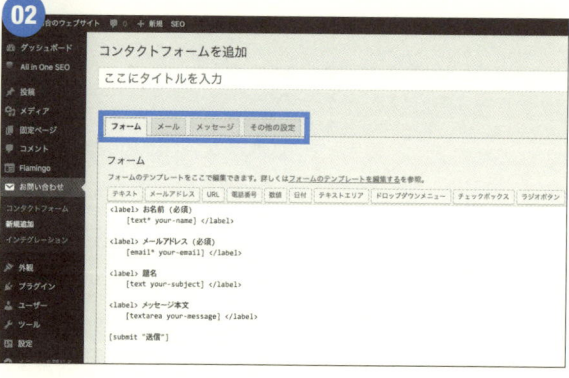

「新規追加」をクリックすると、フォームの制作画面が表示される。タイトルの入力欄と「フォーム」、「メール」、「メッセージ」、「その他の設定」と4つのタブが表示されているのが確認できる

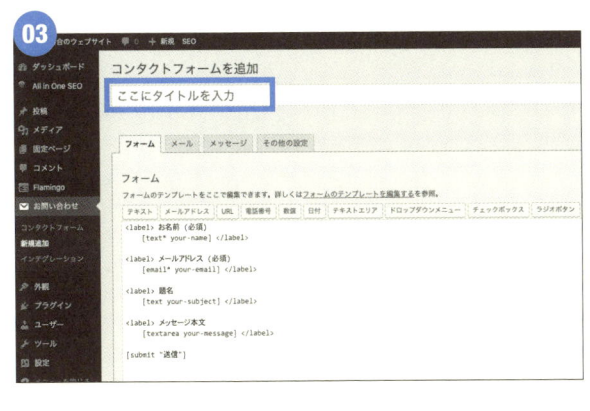

コンタクトフォームを追加と書かれた下に、これから制作するフォームのタイトルを入力する

「フォーム」

「フォーム」タブでは、実際にフォームの中に設置する入力項目を設定していきます。初期段階から「お名前」、「メールアドレス」、「題名」、「メッセージ本文」の記入欄および送信ボタンが設置されていますが、これらの項目は追加・削除が可能になっています。エディター上部には、

「テキスト」
「メールアドレス」
「URL」
「電話番号」
「数値」
「日付」
「テキストエリア」
「ドロップダウンメニュー」
「チェックボックス」
「ラジオボタン」
「承諾確認」
「クイズ」
「ファイル」
「送信ボタン」

のボタンが設置されています。このボタンをクリックすることで必要な

Chapter 01
Chapter 02
Chapter 03
Chapter 04
Chapter 05
Chapter 06
WordPressを設置する

Chapter

01

Chapter

02

Chapter

03

Chapter

04

Chapter

05

Chapter

06

WordPressを設置する

入力項目を追加することができます。削除する際は、エディターから直接タグを削除しましょう。

　各入力項目を追加する際は、小さなウィンドウが開き、必須項目とするか否か、フォームタグの名前、デフォルト値などの詳細設定も可能です（ID 属性 クラス属性は初心者向きではないので、無理に設定する必要はない）。設定後、「タグを設定」ボタンをクリックするとエディター内にタグが挿入されます。

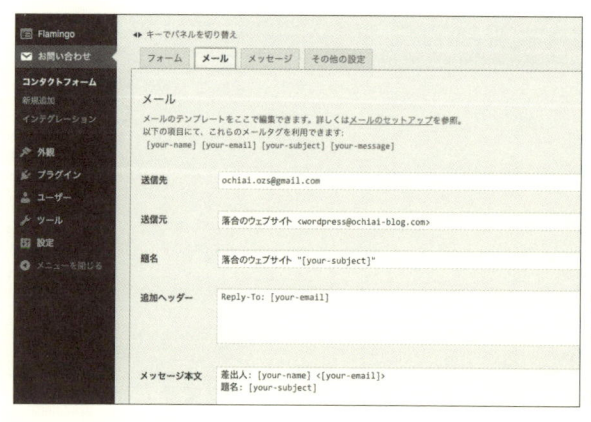

ボタンをクリックすると、それぞれの詳細設定が可能

　この手順でフォームに必要な入力項目を設定していきましょう。

「メール」

　次に「メール」タブを設定していきます。Contact Form7では、あなたが作成したフォームから送信された内容を、指定のメールアドレス宛に発

普段使いのメールアドレスを入力しておけば、スマホなどのモバイル端末から確認できて便利

送してくれる仕様となっています。「メール」タブの「送信先」に、それら
を受信するメールアドレスを設定しておきましょう。初期状態ではWord
Pressが利用するメールアドレスが設定されているので、受信すべきメール
アドレスに書き換えてください。

「メッセージ」

次に「メッセージ」タブを設定していきます。ここはフォーム送信後の
サンキューメッセージやエラー発生時のメッセージなど、さまざまな状況
で用いられるメッセージを編集することができます。必要であれば編集し
ておきましょう。基本的には初期設定のままでも違和感なく利用できるは
ずです。

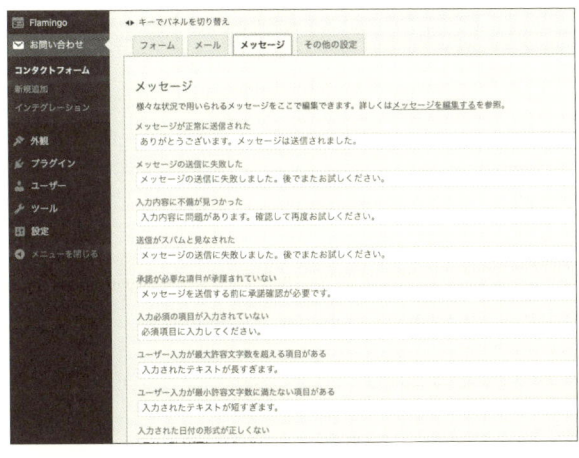

初期設定のままでも十分利用可能。気になる場合は変更を

「その他の設定」

カスタマイズのためのコードをここに追加できます。上級者向けの設定
のため、何も入力されていない状態でも問題ありません。

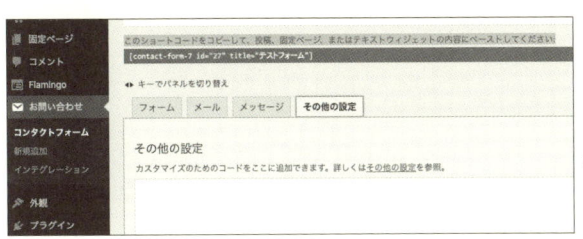

現段階では入力は不要です。このまま保存ボタンをクリックしましょう

Chapter
01

Chapter
02

Chapter
03

Chapter
04

Chapter
05

Chapter
06

WordPressを設置する

すべての設定が完了したら

すべての入力が完成したら、エディター下部にある「保存」ボタンをクリックしましょう。ここまでの設定が保存されます。

保存をクリックした後、フォームのタイトルの下にショートコードが表示されます。このショートコードをコピーし、投稿、固定ページ、テキストウィジェットなどにペーストすることで、各所にフォームが設置できるようになります。

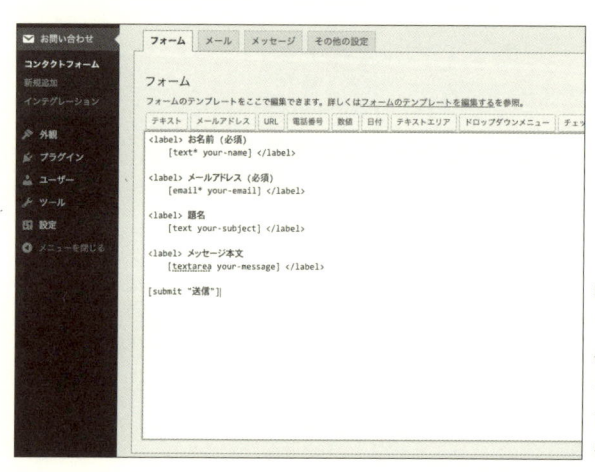

表示されたショートコードをそのままコピーして、必要な場合にペーストするだけでフォームが設置されます。設置後の確認も忘れずに

▶ Contact Form7の設置

それでは実際にフォームをあなたのブログに設置してみましょう。先ほど確認したショートコードをコピーし、投稿、固定ページ、テキストウィジェットなどにペーストします。

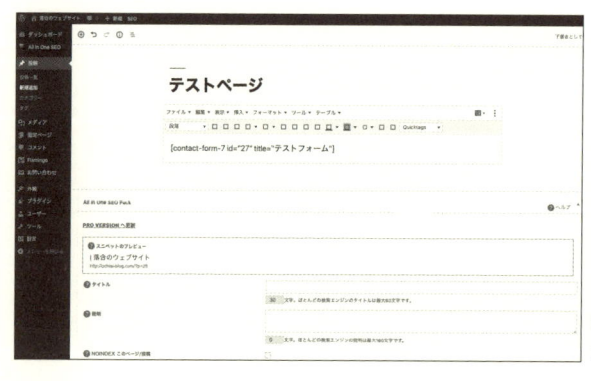

コピーしたショートコードを、そのままペーストします。コードの中身が欠けると不具合が生じるため注意

テストページ

👤 ochiaitest0131　　🕐 2019年2月5日　　💬 コメント　　✏ 編集

お名前 (必須)

メールアドレス (必須)

題名

メッセージ本文

このような形で先ほど設定を行ったフォームが設置される

　この作業のみでフォームの設置は完了です。

▶ Flamingo

　「Contact Form7」は、設定したメールアドレスでフォームに送信された内容を受信することができます。しかし、ダッシュボード内でその情報を確認したり、保管することはできません。「Flamingo」は「Contact Form7」と連携されたプラグインであり、フォームに送信された内容をダッシュボード内に記録し、閲覧することができます。バックアップになるので、「Contact Form7」の拡張機能として併せて活用していきましょう。

▶ Flamingoの活用

　特別な設定は必要ありません。プラグインをインストールし有効化した後、ダッシュボードの「Flamingo」→「受信メッセージ」を選択すると、Contact Form7であなたが作成したフォームから送信された内容を、このプラグインで一覧表示させることができます。

WordPressを設置する

Chapter
01

Chapter
02

Chapter
03

Chapter
04

Chapter
05

Chapter
06

WordPressを設置する

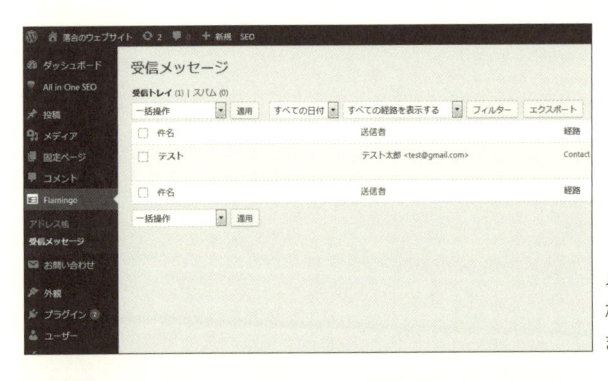

メーラーのように受信し
たメッセージが保存され
ます

件名をクリックすると受
信内容の詳細を確認でき
る

　また、ダッシュボードの「Flamingo」→「アドレス帳」を選択すると、
今までのフォーム送信者のメールアドレスが自動的に追加されリストが作
成されていくので、メールアドレスの管理にも便利です。

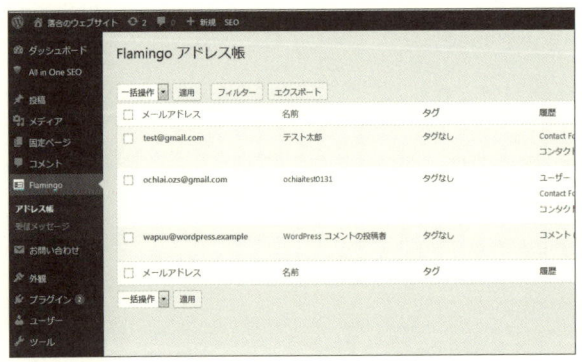

自動でリストが生成され
る為、大変便利。受信メ
ッセージのバックアップ
としても活用できるプラ
グインです

→ プラグインの入れすぎに注意する

プラグインひとつで大きな手間もかからず、次から次へと機能を追加できてしまうのがWordPressの魅力のひとつです。特にブログを始めたばかりの頃は、より自分の理想に近いブログに仕上げたい気持ちが強く、またさまざまな悩みを解決するために、必要以上にどんどんとプラグインの数を追加していってしまいがちです。確かにWordPressには素晴らしいプラグインが多数揃っていますし、とても手軽にインストールすることが可能で、そのさまざま機能を享受することができてしまいます。

ですが、むやみやたらにプラグインを追加していく行為は、リスクを伴うことでもあります。プラグインの入れすぎによるリスクとは何かを、ひとつずつ説明していきましょう。

▶ ブログが重くなり表示速度が低下するリスク

プラグインを入れすぎることによるリスクのひとつは、ブログの表示速度の低下です。サーバーへの負荷が大きくなり、読み込みに時間がかかるようになってしまいます。表示速度の低下は読者の離脱に直接つながる問題であり、SEOの観点からもマイナスの要因となるため、これを放置すると雪だるま式に悪影響を及ぼしかねません。

知らず知らずのうちにプラグインが増え続け、使っていないプラグインやブログへあまり貢献できていないプラグインが放置されているというケースも多いです。本当に必要なプラグインのみをインストールし、必要ないものを削除しておきましょう。定期的な見直しを行い、プラグインを精査していくことをおすすめいたします。

▶ セキュリティ面におけるリスク

定期的なアップデートのないプラグインは、セキュリティ面で多大なリスクをもたらします。通常はプラグインもインターネット上の脅威に対応すべく、日々アップデートを繰り返していますが、なかには開発者が運用を放棄し、まったく更新されなくなってしまうケースも多々見られます。プラグインの脆弱性を突いた攻撃がたびたび起こり、ブログの改ざんや乗っ取りなどの被害を受ける事件は後を絶ちません。

Chapter 01
Chapter
02
Chapter 03
Chapter 04
Chapter 05
Chapter 06

WordPressを設置する

Chapter
01

Chapter
02

Chapter
03

Chapter
04

Chapter
05

Chapter
06

　プラグインの数が増すごとに攻撃される機会は増え、その管理も甘くなってしまいがちです。管理可能な数に抑え、随時アップデートに対応可能な環境を整えておきましょう。

▶ プラグイン同士が干渉し、機能が発揮できなくなることも

　テーマとプラグイン、プラグインとプラグインが相互に干渉することで、その機能を存分に発揮できなくなってしまうケースや、WordPressそのものが機能停止してしまいブログが表示されなくなってしまうケースもあります。

　ある日突然画面が真っ白になってしまい、大切に育ててきたブログが見られなくなってしまうことにもなりかねません。簡単に修復できればよいですが、プラグインが多すぎるがゆえに問題が起きた要因を突き止めることも困難になるケースがあります。

　必要なプラグインだけに数を絞り、プラグインのインストールの際には、現在導入しているテーマや、その他のプラグインとの相性も確認した上で利用するとよいでしょう。

Chapter 03

専門家ブログの
レイアウトを
設定する

ユーザーの導線を考え、ブログデザインを構築する

→ 迷いなく購入までたどり着ける導線を描く

インターネットが普及し、誰もがスマートフォンを持ち、わずかな隙間時間があればSNSをチェックしたり、気になる言葉を検索したりと、人々は生活の中で多くの時間をウェブの世界に注ぐ時代になりました。

ウェブの世界にはあらゆる場所に広告が存在します。SNSにも検索エンジンにも、もちろんブログにも広告が表示され、私たちはそれを見ない日はありません。ここ数年感じていることですが、現代人はそのような売り込みに少し疲れているのではないでしょうか。

また、毎日のように広告を見せつけられている消費者は、鋭い眼識を持つようになってきています。広告に対してより懐疑的になり、過剰な表現や不当な表示は瞬時に見抜くようになりました。広告プロモーションだと感じると、即離脱する人も増えています。ある意味、消費者は広告を避けるスキルを持ち、それに敏感に反応しているのです。

現在はどの業界でもセールスライティングのレベルが飛躍的に向上し、巧みな言葉の紡ぎ合わせに感心しながらも嫌気が差す状況で、もうお腹いっぱいです。読者は常に何かを買わされるのではないかと警戒しながらブログを読んでいます。

私たちの運営するウェブサイトは、ビジネスブログです。考え方によっては、ブログ丸ごと広告とも言えます。

しかしながら、このような時代に、どのページを見ても売り込みに必死な様子が見えていたら、どのように感じるでしょうか？　いくら興味を持って検索エンジンから来てくれたとしても、そのようなブログでは読者を疲れさせてしまいます。

ビジネスブログのノウハウとしてセールスライティングが語られることも少なくありません。持っていて損のないスキルです。ですが私は、時代に合わせたブログ運営は「どう売るか？」に意識を置いたり、優れたテク

ニックで購買に誘導するのではなく、読者のあらゆる不安や疑いを自然に取り除き、ストンと落ちるように読者の意思で購買に至るようなブログにしていくことを目指すべきだと考えています。

　まず、読者はどのような導線を描いて購入まで至るのでしょうか？　多くの場合はトップページから順を追って…とはならないはずです。

　検索エンジンからひとつの記事へやって来て、その記事をどのような人が書いているのかをプロフィールページでチェックして、いくつかの関連記事を読んだ上であなたへの信頼や実績を確認し、記事の中のリンクから販売ページに移動し購入に至る、といったブログ内においての複雑な移動が生じているはずです。ブログを運営しているあなた自身も、そうした導線を想定しながらコンテンツを制作し、内部リンクを使って販売ページに向かわせるようにサイト構成を組み上げているのではないでしょうか。

　また、Google Analyticsを使いこなすことで導線分析も可能です。まずはあなたのブログの中で想定される導線を考えてみましょう。

記事A → 記事B → プロフィール → 販売ページ
記事A → メルマガフォーム → ステップメール → 販売ページ

　など、さまざまに想定することができると思います。導線を想定したら、その道のりの中に読者が不安や不快を感じる部分はないか、流れに沿ってチェックしてみましょう。

- 売り込まれる不安を感じるほどの強い表現がある
- 過剰なポップアップが出る
- 説明が不足している
- リンクが切れている
- 実績記載がない
- 価格表記がない
- セキュリティが万全でない（常時SSL化されていないなど）
- ブログ運営者の顔が見えない
- ブログ運営者の人柄が見えない
- 商品の価値が明確でない

専門家ブログのレイアウトを設定する

その他にも記事によって著者のキャラクターが異なっていたり、とてもプロには見えないようなプロフィール写真を使っていたり、さまざまな要素が考えられるはずです。読者が不安に感じる要素をすべて書き出してみてください。

→ 書き出した不安をひとつずつ排除する

不安の排除というのは、店舗型ビジネスにおいてもとても大切な考え方です。店内が見えない外観では、顧客の数は増やせません。客数重視のビジネスなら、ガラス張りの自動ドアが最適です。店内の様子が見え、自分でドアを開けなくてはならない負担もないからです。

もちろん価格は明示されているべきですし、名札をつけた制服姿の店員さんのほうが、客と店員の区別がついて消費者は安心します。

このような不安の排除はブログも同様です。顧客が店舗に向かい、店内に入り、レジで商品を購入し、店舗を出るまでの一連の流れの中で感じるさまざまな不安を排除するのと同じように、ブログの導線上に置かれる読者の不安を徹底的に排除していきましょう。

もちろん顧客は十人十色で、一人として同じ人はいません。不安を感じる場所もそれぞれ違うので100%の排除は難しいでしょう。しかし限りなく不安や不快を薄めたブログは、面白いように商品が成約していきます。徹底的に顧客の心的ハードルを下げることで、売り込みをかけるよりも結果的に売上が上がるケースは多々あります。また、読者にとっても気持ちよく購入に至ることができますし、リピートの要因にもなります。

さらに、SNSで口コミが拡散する時代ですから、炎上リスクを避け、良い口コミを拡散させるメリットもあります。今の時代にピッタリ合ったブログ運営と言えるでしょう。

Chapter 01
Chapter 02
Chapter 03
Chapter 04
Chapter 05
Chapter 06

専門家ブログのレイアウトを設定する

Chapter 01
Chapter 02
Chapter 03
Chapter 04
Chapter 05
Chapter 06

効果的なブログ タイトルのつけ方

→ ブログで重要なのはタイトル

　ビジネスブログの運営で大変重要なポイントにもなってくるのが、ブログタイトルです。大変重要な要素でありながら、かなり適当につけている人や、見るたびに変更している人も多い状況にあります。

　ブログタイトルは記事タイトルと異なり、そのブログにおいてたったひとつしか存在しないものです。ブログの顔であり、店舗で言えば看板にあたる場所です。読者が見てどのように感じるのか意識すべき場所であるのは当然のこと、ブログ運営者自身が愛着を持てるように意識すべき場所と言えるでしょう。

　まず最優先に考えるべきは読者です。ブログタイトルは読者に対して、「何について書かれているブログか？」を明確にする場でもあります。

　読者にとって、あなたのブログが必要なものであるかどうかを判断してもらう要因のひとつなのです。また、どの記事を読んでいたとしても、ブログタイトルはヘッダー部分に常に表示されるものなので、ブログ全体を印象づける存在でもあります。

　それらを踏まえて、いかに有益なブログであるかを読者にアピールできるようなタイトルにしていくべきでしょう。せっかく良い記事を作って読者がアクセスしてくれても、いいかげんなブログタイトルをつけていることで信頼を失ってしまっては、あまりにもったいない。しっかりとブログコンセプトに合ったブログタイトルを考えましょう。

→ ブログタイトルはSEOにおいても効果あり

　SEOの観点からも、ブログタイトルは重要な要素です。Googleは、ブログタイトルや記事タイトルに入るキーワードを見て、何について書かれたブログなのか？　を判断しています。SEOにおいて最も重要な要素と言

Chapter 01
Chapter 02
Chapter 03
Chapter 04
Chapter 05
Chapter 06

っても過言ではありません。ブログの内容がわかるように具体的なブログタイトルをつけること、キーワードを必ず入れておくこと、キーワードを詰め込みすぎないこと、クリックしたくなるような魅力的なタイトルにすること、このような部分を意識してブログタイトルを考えていく必要があります。

また、SEOの影響が強い場所であるからこそ、最も上位表示させたいキーワードを含めておくとよいでしょう。検索キーワードと関連性が高いと判断されると、検索結果の上位に表示されるようになり、アクセスにもつながるからです。

ただし、上位表示してほしいがために、無理なキーワードの羅列や意味の通じないキーワードの並びにしてしまうと、かえってマイナス要素になりかねません。「読者にわかりやすいように」という視点は、欠かさず持つようにしましょう。

また、士業の方、店舗運営者、治療院などでは、自分の名前や屋号の認知を拡大させるブランド構築もブログの目的のひとつです。

名前や屋号をブログタイトルの中に含めるのも、ぜひ検討したい要素です。名前や屋号をブログタイトルに含めると、書ける範囲が限定されてしまうという意見もあります。雑記ブログなどであらゆる出来事をネタにして、アフィリエイトやアドセンスで収益を得ていくのであれば、それもひとつの意見ではあります。

しかしながら、本書における目的のように、メインとなる事業があり、その事業に寄与するためのビジネスブログを構築していく場合では、「何について書かれているブログか？」がわかるキーワードや、運営者の名前や屋号をしっかり入れておくことで、読者においても、SEOにおいても、マスメディアの取材を受けるにあたっても、有利になっていきます。

また、後々テレビなどで取り上げてもらう際に、ブログタイトルを一緒に紹介されるケースはよくあります。公の場で公開されても恥ずかしくないブログタイトルを設定していきたいところです。

どの記事を読んでいたとしても、ブログタイトルは目に入ってきます。読者の視線を意識して、真剣に考えましょう。

何について書かれているかわからないようなブログタイトルは好まし
く無い。ビジネスブログはタイトルも大切に

専門家ブログのレイアウトを設定する

91

Chapter 01
Chapter 02
Chapter 03
Chapter 04
Chapter 05
Chapter 06

専門家ブログのレイアウトを設定する

section 03 グローバルメニューに置くべきもの

→ グローバルメニューとは

　テーマやプラグインの設定などのブログの外枠ができた後は、それぞれの枠の中に必要なものを入れていきましょう。まずはブログで最も目立つ位置であるヘッダー部分から解説していきます。ヘッダー部で最も重要な存在がグローバルナビゲーション（グローバルメニュー）です。

　グローバルナビゲーションはブログ全体の構成に大きく影響するだけでなく、売上にも密接に関わる場所で、とても繊細な箇所でもあります。『どこに何を置くか』で売上は大きく変化するほどです。

　弊社のお客さまの中でも、グローバルナビゲーションに入る項目や位置の変更だけで売上が10〜20％も変わってしまった例が多々あります。

　具体的に解説していきます。まず、グローバルナビゲーションとは、ウェブサイト上に設置された各ページ共通の案内リンクのことを指します。通常はページ上部（ファーストビュー内）に設置されるのが一般的です。主にウェブサイト内の主要なページに誘導するために使われます。

　グローバルナビゲーションがあることで、サイトに訪れたユーザーを望むページに誘導できますし、ユーザー側もサイトの内容や全体像を一目で

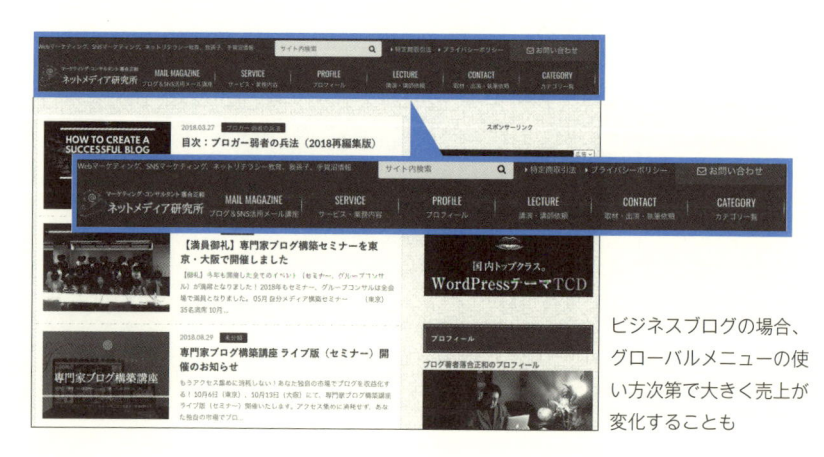

ビジネスブログの場合、グローバルメニューの使い方次第で大きく売上が変化することも

（ファーストビューで）把握できるほか、しっかりと整理・分類されていれば、興味のある情報へ迷うことなくたどり着くための道しるべになります。

　ファーストビューとは、ユーザーがページを開いた際、最初に表示される範囲のことを言います。ユーザーがウェブサイトに滞在するのか、それとも離脱するのかの判断基準となり、ウェブ制作の際に注力される場所です。

　WordPressで作られたブログでは固定ページなどが置かれるケースも多く、ユーザビリティの視点からも、収益を求めるビジネスブログには必ず設置しておくべきリンクです。このグローバルナビゲーションの順序をどのように並べるのか、どのような戦略のもと展開していくのかで、ブログやウェブサイトから得られる収益は大きく変わってきます。

→ 位置によってクリック数が変化する

　実はこのグローバルナビゲーションは、それぞれのリンクの位置によってクリックされる回数が大きく変わってきます。ということは、

- 最も収益につながるリンク
- 最も読んでほしい記事へのリンク

　をクリックの多い位置に設置することで、売上や収益を簡単に伸ばすことができるのです。では、その位置はどこなのか？　私のブログで実験した結果をお伝えいたします。

　また、弊社のお客さまの協力により、弊社で管理するいくつかのウェブサイトでも同様の実験したところ、ほぼ同じ結果となりました。

　実験内容は『7日間メール講座』のリンクを、1ヶ月ずつ各メニューの位置にずらしながら設置し、そのクリック数を計測するものです。

Chapter 01

Chapter 02

Chapter 03

Chapter 04

Chapter 05

Chapter 06

【結果】

タイトル	メニュー1	メニュー2	メニュー3	メニュー4	メニュー5	メニュー6
アクセス	1076	224	94	132	98	284
メニューのクリック率	56.4%	11.7%	4.9%	6.9%	5.1%	14.9%

グローバルメニューの位置によって、クリック率が大幅に異なることがよくわかる

　いかがでしょうか。グローバルメニューの位置によって、クリック数が驚くほどに違うことが見てとれると思います。

　「メニュー1」の場所と、「メニュー3」、「メニュー5」の場所では、同じ内容のリンクなのにもかかわらず、10倍以上の開きがあるのです。

　　1位　メニュー1
　　2位　メニュー6
　　3位　メニュー2
　　4位　メニュー4
　　5位　メニュー5
　　6位　メニュー3

の順位となります。

　もちろんブログの内容やデザインなどサイトの特性によって差はありますが、いずれも左端と右端の両端が最もクリックされる結果となりました。この法則は多くのウェブサイトに見られることでしょう。左右が入れ替わることはよくありますが、私の知る範囲では両端が強くなるという結果は、多くのサイトで共通の現象になっています。

　これらの結果を踏まえてわかるように、「メニュー1」の場所と「メニュー3」の場所の使い方によって、売上に数倍の差がつく可能性も十分にあります。

　ブログの中で最も見てもらいたいコンテンツや、売上に最も影響するコンテンツへのリンクを両端に置くべきでしょう。

　よくグローバルナビゲーションの左端が「ホーム」というトップページへのリンクになっていることが多いですが、私はこれをもったいなく感じ

ています。最もクリックされる可能性の高い左端を、何も生み出すことの
ない「ホーム」に割り振ってしまうのは機会損失ではないでしょうか？　今
や多くのブログやウェブサイトが、ブログタイトルやタイトルロゴ、ヘッ
ダーロゴなどをクリックすればトップページに戻れる仕様になっており、多
くのユーザーもそれを認識しています。

　そのようなことから、私はグローバルナビゲーションに「ホーム」を置
いておりません。もちろん読者からのクレームもありませんし、私自身が
不便を感じることもありません。

　ブログを始めたばかりの頃は、あまり考えることなくグローバルナビゲ
ーションの設定をしてしまいがちですが、このようなクリック率の差があ
ることを考慮して戦略的に設置していきましょう。

　余裕があれば私が実施したようなテストを行い、自分のブログのクリッ
ク状況を確認してみるとよいでしょう。

→ 店舗型ビジネスが用意しておくべき項目

　店舗型ビジネスの場合、基本となる情報のすべてをグローバルメニュー
に揃えておく必要があります。来店してもらうために、最低限必要な情報
や、その情報を得られるページまでのリンクを揃えておきましょう。では、
最低限必要な情報とはどんな項目でしょうか？　解説していきましょう。

▶ ［住所、地図、最寄駅からのアクセスなど］

　お店に興味を持っていただき、来店したいと感じてもらえたとしても、店
舗の場所がわからなければ意味がありません。また住所だけをポンと置か
れているだけでは不親切です。Google Mapsを埋め込んでおくなど、地図
の用意は必須事項です。また交通手段だけではなく、最寄駅からの所要時
間なども記載しておくべきでしょう。できれば最寄駅から店舗までの導線
を、右折や左折するごとに写真を使って道案内ができればベストです。駅
やバス停からの距離に応じて検討してみましょう。

Chapter 01

Chapter 02

Chapter 03

Chapter 04

Chapter 05

Chapter 06

▶ ［営業時間・定休日］

　営業時間もわかりやすく記載しましょう。グローバルメニューのみならず、サイドバーなど、いつでも見える場所に掲載しておくとよいでしょう。飲食店などは特に曜日によって営業時間が異なる店舗も多いです。わかりやすく表にして掲載すると親切です。

▶ ［予約フォーム、販売フォーム、お問い合わせフォーム］

　現代はインターネットから予約できるのが標準仕様です。予約フォームの設置はマストです。直接商品を販売できる場合は、販売フォームも設置しておきましょう。私たちが構築するのはビジネスブログです。一番の目的は売上を上げることであり、お客さまがゴール（商品を購入できる場）まで最短距離で行けるように準備はしておきましょう。

　また、特定の用件以外でも使用可能なお問い合わせフォームも設置しておくと親切です。そして、1つの目的に対して1つのフォームを設置すべきです。1つのフォームで目的を明確にすることで、読者の不安感を除去していきましょう。私のブログでも、グローバルメニューに4つのフォームが設置されており、それぞれ「メールマガジンの申し込みフォーム」、「商品の申し込みフォーム」、「講演講師依頼フォーム」、「取材・出演、執筆依頼フォーム」と、すべて目的が異なっています。

　また、お問い合わせフォームは、"お問い合わせ"のためにあるべきフォームです。何かの予約、販売をお問い合わせフォームから受け付けようとする方も多いですが、確実に機会損失となりおすすめできません。"お問い合わせ"から商品は売れないのです。

▶ ［電話番号］

　インターネットが苦手な方、電話のほうがよいという方も、まだまだ多くいます。フォームがあるから電話番号は必要ないという考え方は、機会損失を招く可能性が高くおすすめできません。電話番号も用意しておきましょう。

▶ 士業や自分自身をブランド化する人はプロフィール

　士業や自分自身の名でブランドを構築する人は、グローバルメニューに

プロフィールも設置しておきましょう。プロフィールの書き方については後述いたします。

▶ 業種がわかるヘッダー画像、ブログ運営者の顔写真を用意

　多くのユーザーは、このファーストビューのみでサイトを閲覧するかどうかを判断し、違和感を感じた際は即離脱します。

　ですから、ファーストビューに置かれたヘッダー画像は、一瞬でその業種がわかるようにしておきます。いくら美しいデザインのブログにしても、読者の目的に合わなければ、それは離脱の要因にしかなりません。

　ファーストビューには"一瞬であなたの業種がわかるヘッダー画像"を用意してください。また同様に、ブログ運営者のプロフィール写真、顔写真もファーストビューに掲載するとよいでしょう。

　顔が見えないことも、読者にとっては不安に感じる要因になっています。ブログ運営者の顔写真がファーストビューで目に飛び込んでくると、安心感を抱いてもらえます。

　ファーストビューの範囲はユーザーの使うデバイス、モニター解像度、ブラウザの設定状況などで多少変化はしますが、それも見据えた上でそれぞれの場所を設定していきましょう。

Chapter
01

Chapter
02

Chapter
03

Chapter
04

Chapter
05

Chapter
06

スマホ時代でも重要な
サイドバーの役割

→ 閲覧時、常に同じ情報を読者に提供できる

　ブログのサイドバーは第二のグローバルナビゲーションのようなものです。使用されるテーマにもよりますが多くの場合、グローバルナビゲーションはブログ下部にスクロールしていくと見えなくなってしまいます（スクロールに合わせて追従するタイプのテーマもある）。

　ブログのサイドバーはいつ何時も本文の横に控えているため、スクロールした後も読者に見てほしい情報を掲載しておくことができます。また、どの記事ページを閲覧している時でも、常に同じ情報を読者に提供できるので大変便利な存在です。

　士業や私のようなコンサルティング業、資格を活用したビジネスを展開されている方は、サイドバーに顔写真を含めた簡易的なプロフィール、プロフィールページへのリンク、実績、メールマガジンの申し込みフォーム、各種SNSウィジットの埋め込みやリンクなどを設置しておくとよいでしょう。

→ 大きな取引などは、PCからが主流

　サイドバーはブログのどのページを見ていても同じ情報が表示されているため、あなたのブランド構築の場としても良い働きをしてくれます。

　しかし、スマートフォンやタブレット端末からの閲覧がPCを超えるようになり、モバイルフレンドリー（スマホ最適化）の言葉とともに、サイドバーの存在はどんどん軽んじられてきています。デバイスの画面サイズに依存しないレスポンシブデザインを採用しているテーマの多くは、スマートフォンやタブレットサイズのデバイスでの画面表示の際にサイドバーはコンテンツ下部に移動してしまい、閲覧されにくい状態になります。

　そのような影響から、不必要なものとしてサイドバーをなくし1カラム

のブログにするブログ運営者も、ここ最近増えているようです。けれども、ビジネスブログの構築においては、この傾向を良いものとは言い切れません。

　シンプルな構成になり、使いやすいイメージがあるかもしれませんが、現在は高額な決済や責任の大きな取引などを行う際には、まだまだPCからのアクセスが主流となっています。行政や法人からのアクセスや問い合わせも、100%近くPCからのものとなっています。スマートフォンやタブレットからのアクセス数は多いものの、大きな成約を結ぶ機会は少ないと言わざるを得ません。

私のブログでは、サイドバーに「プロフィール」「メディア出演履歴」「講演実績」などを掲載している。企業や行政からの仕事の受注、取材の獲得などに大変貢献してくれる存在で、今やなくてはならないものとなっている。どのページを見ていても確認できるサイドバーは、ビジネスブログで大変重要な存在となる

Chapter 01
Chapter 02
Chapter 03
Chapter 04
Chapter 05
Chapter 06

専門家ブログのレイアウトを設定する

Chapter
01

Chapter
02

Chapter
03

Chapter
04

Chapter
05

Chapter
06

専門家ブログのレイアウトを設定する

　士業やコンサルティング業などにおいては、高額な決済や責任の大きな取引を受注する際、プロフィールや実績などが大きな影響を及ぼします。受注を増やすためには可能な限り、自分のスキルや経験、実績をアピールしていかなくてはなりません。なので、どのページを見ていても同じ情報を表示させることができるサイドバーの存在は非常に大きいのです。

　また、スマートフォンやタブレット端末からの閲覧で、サイドバーの存在が利便性を欠くほどの影響を与えることもないはずです。現段階ではサイドバーに必要な情報はしっかりと掲載し、読者にアピールする場として活用していきましょう。

プロフィールの重要性

→ 顔出しと本名は必須事項

　ビジネスブログでは、ブログ運営者の顔出しや本名の掲載は基本的に必須事項と考えるべきでしょう。特に士業やコンサルタントなどの自分自身が商品となるビジネスを営んでいる場合は、信頼が売上と密接に関係してくるため、その影響は多大です。これは読者の目線に立てばよくわかることで、顔も本名も見えない人を信用・信頼し、お金を払って仕事を依頼するのはとても難しいでしょう。また、それらの職業における一回の決済は、多くの場合高額となるため、余計にその不安は大きくなります。前述しましたが、売上を伸ばしたいのであれば、読者の不安は徹底的に取り除くべきです。

　また、顔出ししたプロフィール写真は、できるだけファーストビューにおさまる位置に設置して離脱を防ぎましょう。ヘッダーやサイドバー最上部などを活用することで、読者に積極的に顔と名前を覚えてもらい信頼を獲得していきたいものです。

私のブログでは、サイドバー最上部はプロフィール写真を設置。プロフィールページへのリンクにもなっている

Chapter 01

Chapter 02

Chapter 03

Chapter 04

Chapter 05

Chapter 06

　ただし、ビジネスブログをこれから運用していく方の中には、現在会社員で副業から始めている方や、諸々の事情によりどうしても顔出しできない方が多数存在することは、私も重々理解しております。

　もちろん顔出しなし、ビジネスネームなどで活躍されている方も一部いますが、そうした方は本来得られるはずの信用以上のものを、他で補うようなハンデを抱えた上で活躍しているという事実を理解しておくべきです。

　どうしても顔出しすることができない事情がある方は、似顔絵やイラストなど（必ずあなたの“顔”を表現する）を使うなどして、極力読者に不安を感じさせないように努める必要があります。間違ってもペットの写真や、画像素材サイトのロイヤリティフリー写真などを使わないようにしましょう。そのような行為は読者からの信用と信頼を失います。

　同様に、本名を出せない事情がある方もペンネームやビジネスネームを使うことで不安をやわらげることができます。ただし、一般的な名前であることが大前提です。

　アニメやゲームキャラクターのようなあまりに不自然な名前や、読者に不信感を与えるようなペンネームやビジネスネームを採用しないように注意すべきです。ごく自然な名前をおすすめいたします。

　また、ペンネームやビジネスネームを使っていることを正直に公開しましょう。隠してはいけません。読者に対しては常に誠意ある姿勢で向き合う必要があります。「偽名」による活動と認識されてしまえば、信頼関係の確立は不可能です。ペンネームやビジネスネームの使用はやむを得ない行為であり、本来であれば「本名も名乗れない人に仕事を頼みたいと思う人は少ない」ということを理解した上で「コンテンツの質を誰よりも高める！」、「誰よりも顧客の利益を追求する！」といった意欲を持った活動で穴埋めをしていきましょう。信用と信頼を得るには多分な努力が必要とされるのです。

　また、サイドバーにFacebookやTwitter、Instagramなどのウィジットを埋め込むことで、読者とのコミュニケーションが生まれたり、ブログ運営者の趣味関心や人柄などを伝えたりすることができます。さまざまな工夫で読者との距離感を埋め、信用と信頼を勝ち取っていきましょう。

→ 実績と共感を得る

　プロフィールやサイドバーに、趣味や興味、過去の経験など、自分の専門性と関係ないことを書いてはいけないと思い込んでいませんか？　私は仕事柄、たくさんのブログ運営者の相談にのる機会がありますが、多くのブログ運営者がこのような思い込みをしています。ビジネスブログの構築には、できるだけプライベートな要素を出さないほうが信用されるのではないかという考え方です。

　確かに読者の信頼を失うような内容、過度な内輪ネタ、過剰な個人情報の開示などは控えるべきですが、あなたの人柄を伺えるような趣味や関心などは読者の共感を呼び、良い影響を与えることも多いのです。

　私のブログのサイドバーをご覧いただくと、私自身の趣味関心を伝える表記も少なくありません。

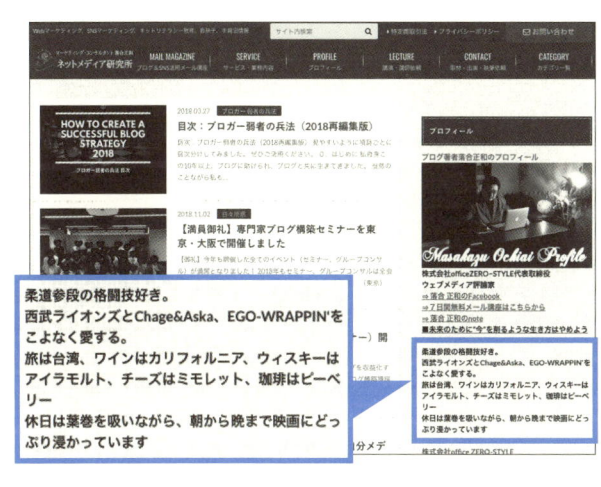

どのページを見ていても同じ表示がされるサイドバーは第2のプロフィールページ

　なぜ、私の趣味関心を掲載しているのかというと、少しでも読者の共感を得たいと考えているからです。人間は他人と共通項があると、相手に対して親しみを持って接するようになります。

　例えば海外旅行中に出会った日本人が、自分と同じ町の出身だと知ったら、きっと会話は盛り上がるでしょう。帰国後も会う機会を設け、その後も友達関係は継続するかもしれません。たまたまSNSで同じ趣味のユーザーをフォローしたら、同じ学校の卒業生だったとなれば、こちらも同じよ

専門家ブログのレイアウトを設定する

Chapter
03

Chapter 01
Chapter 02
Chapter 03
Chapter 04
Chapter 05
Chapter 06

専門家ブログのレイアウトを設定する

うに盛り上がることでしょう。それに近い経験が、きっとあなたにも多かれ少なかれあるはずです。

　私自身もブログ内で台湾好きであることや、長年柔道を経験してきたこと、プロ野球埼玉西武ライオンズやChage&Askaのファンであることなどを記載しています。このような記述を読んだ読者の方々から、『私も台湾大好きです！』とか『昔柔道やっていました！』とメッセージが送られてきます。

　埼玉西武ライオンズファンであることが決め手となり、所沢市内のお客さまから仕事を受注したことは何度もありますし、私のブログの記載からTwitterをフォローしてくれた西武ライオンズファンやChage&Askaファンは膨大な数になります。ピーベリー珈琲が好きだという記述を読んだ読者さんから、わざわざその珈琲豆を送っていただいたこともありました。

　このように人は自分との共通項を見つけると、心を開きやすくなるのです。また、そのように共感してもらえた方々とは、お互い気持ちよく仕事ができるようにも感じます。読者とより近い距離で、気持ちよく仕事をするためにも、あなたの趣味や関心、過去の経験といった共感要素を記載することは決してマイナスではないのです。リスクのない範囲で共感要素を記載していくことも考えてみましょう。

→ 完璧な人は嫌われる（実績自慢だけで終わらせない）

　プロフィールを作り上げていく上で、信用・信頼とともに共感を得ていくことも必要な要素であることは前述の通りです。しかしながら、逆に共感を失うケースもあるため注意が必要になります。

　それは、『完璧な人は嫌われる』ということです。読者からの信頼と信用を得ようとするがあまり、自分の肩書きや資格の権威性、実績をアピールしすぎて偉そうな雰囲気となり、読者が『お高くとまってんな！』と感じるプロフィールになってしまうことがあります。これでは読者の共感を得るのは難しいでしょう。むやみに他人の嫉妬心を誘発させない、そのあたりのコントロールは非常に繊細なものがあります。

　だからといって、ビジネスブログであなたの肩書きや資格、実績を控えめに書いたり、事実よりも過少に書いたりするわけにもいきません。では

どうすればよいのでしょうか？

　私や私のお客さまは、自分の負の要素や失敗の要素をプロフィールに追加しています。これにより嫉妬心が中和されます。

　私がセミナーを開催する際は、冒頭の自己紹介で目一杯自分の実績もお伝えしていますが、必ず過去の失敗談もお話しします。また、少し自虐ネタで笑いをとったり、私の極度の人見知りな性格も軽く笑い流せる程度の表現でお伝えしています。ブログのプロフィール欄も失敗談が満載です。

　仕事としては肩書きや資格、実績をきちんとお伝えしなくてはなりません。それらは読者から信用と信頼を獲得するための武器でもあるからです。しかし、それだけでは相手の感情を損ねる可能性もあるため、うまくバランスをとっているのです。

　ただし、自分の専門性、権威性、信頼性を落とすような話になってはなりません。例えば、私ならウェブメディア・SNSの専門家として活動しているわけですが、表現している負の要素や失敗の要素は、自分の体型のことであったり、なかなか道を覚えられないことだったりと、自分のビジネスを傷つけない内容で活用しています。

　または、私が過去に経験した月間300万PVのブログが削除された話、中東諸国からのサイト攻撃を受けた話など、負の要素でありながら、すでに克服していて今となっては笑い話である内容をお話しします。

　こうすることで、肩書きや資格、実績をあますことなく伝えながらも、嫌な印象を持たれず、共感を得ながらプロフィールをお伝えすることができるのです。

→ プロフィールを最後まで読む人は買ってくれる人

　内部リンク、内部被リンクが存在せず、ブログ内で孤立させてしまっているプロフィールページをよく見ます。この状況は非常にもったいないです。

　なぜなら、プロフィールを読みに来ている読者は、少なからずあなたに興味を持っており、そのほとんどが好意的なものだからです。かなり積極的な見込み客からのアクセスだと考えられます。

　ビジネスブログの構成として考えるのであれば、あなた自身を知っても

Chapter 01
Chapter 02
Chapter
03
Chapter 04
Chapter 05
Chapter 06

専門家ブログのレイアウトを設定する

Chapter 01
Chapter 02
Chapter 03
Chapter 04
Chapter 05
Chapter 06

専門家ブログのレイアウトを設定する

らうのは大切な要件となるので、グローバルメニューやサイドバー、さまざまな記事からプロフィールページにリンクし、読者の積極性を引き上げる導線を作るべきですし、プロフィールを最後まで読んでくれた読者に対しては、何らかのビジネス的なアプローチをかけていくべきです。

　プロフィールの最後には、販売ページへのリンクや購買に向けての導線となる記事、予約フォームや販売フォームなど、次のアクションが期待できるものを設置しておきましょう。プロフィールを最後まで読む読者は"買ってくれる人"なのです。

→ プロフィール写真の効果的な使い方・見せ方

　ここでは、効果的なプロフィール写真の使い方、見せ方についてお伝えいたします。これを意識するだけでクリック率が大きく変わったり、読者からの印象が大きく変わったりします。各種SNSのプロフィール写真を統一し、ザイオンス効果（後述）を図りましょう。

　ブログ運営者にとって各種SNSの活用は、もはや必須事項になっています。いまや多くのブログ運営者が、TwitterやFacebook、InstagramやYouTubeといったSNSを活用して、ブログとの相乗効果を図ったり、ブログにない要素を補完したりするなど、さまざまに活用しています。

　複数のSNSアカウントの運用は当たり前の時代になりました。こうしたSNSにおいても、プロフィール写真は大変重要な位置を占めています。まずはプロフィール写真の活用について、確実に押さえておきたいポイントを確認しましょう。

❶ 顔が認識できる大きさになっているか？

　当然のことですが、SNSのプロフィール写真は『誰が投稿しているのか？』を確認するために存在しています。集合写真や友人と一緒に写っている写真などでは、本人を判別することができません。また、引きの写真になりすぎていて、顔を判別できないようなこともよくあります。SNSのプロフィール写真は、とても小さな範囲で表示されることも考慮すべきでしょう。

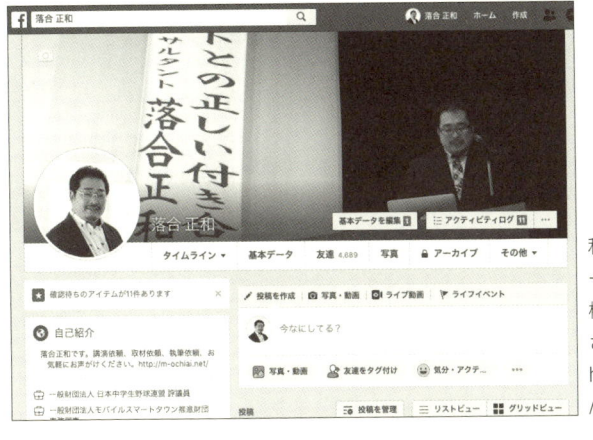

私のFacebookのプロフィール写真。各種SNSの仕様に合わせ、適切な大きさの写真を使いたい
https://www.facebook.com/m.ochiai

　顔が認識できる大きさになっていないということは、顔を覚えてもらいにくいだけでなく、相手にストレスを与える要因にもなるので注意が必要です。バストアップで、十分に認識できる写真を使うようにしましょう。可能であればプロのカメラマンに宣材写真を撮ってもらうのをおすすめいたします。

❷ 服装などがビジネスと一致しているか？

　医師なら白衣を着る。弁護士ならスーツを着る。画家なら絵筆を持つ。ビジネス用途におけるプロフィール写真では、そのように服装まで気を遣うことで、あなたの職業や専門性などを読者が認識しやすくなってきます。

柔道整復師、理学療法士の方々も白衣でわかりやすく
https://twitter.com/manadmn

Chapter 01
Chapter 02
Chapter 03
Chapter 04
Chapter 05
Chapter 06

専門家ブログのレイアウトを設定する

❸ 各種SNS、ブログのプロフィール写真は統一されているか？

　ザイオンス効果という言葉をご存知でしょうか？　これは、同じ人、物などに接する頻度が多いほど、その対象に対して好印象を持つようになる効果のことです。アメリカの心理学者ロバート・ザイオンスが広めたことで、このように呼ばれています。

　SNSをビジネスに活用する目的のひとつは、コミュニケーションにより顧客との距離感を縮めたり、共感してもらい信用や信頼を築くことで、これにはザイオンス効果の活用が重要です。

　できる限り同じ写真での接触頻度を増やすために、各種SNSやブログで使うプロフィール写真は統一されている必要があるのです。

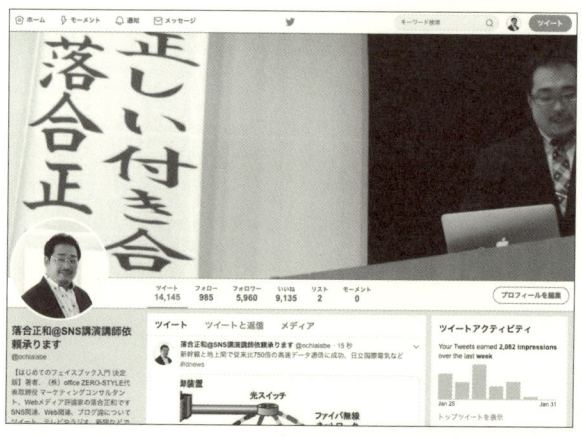

こちらはTwitterに設定しているプロフィール写真
https://twitter.com/ochiaiabe

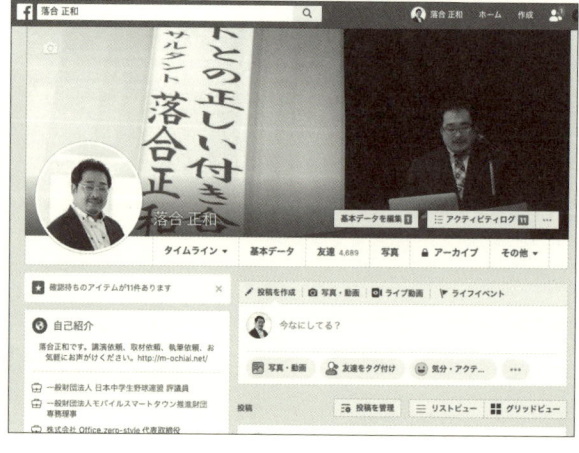

そして、こちらがFacebookに設定しているプロフィール写真。同じ写真を活用することで、ザイオンス効果を図る

❹ プロフィール写真の向きで印象を変える

プロフィール写真の向きひとつでも、印象の良し悪しは変わってきます。次の画像を見比べてみてください。

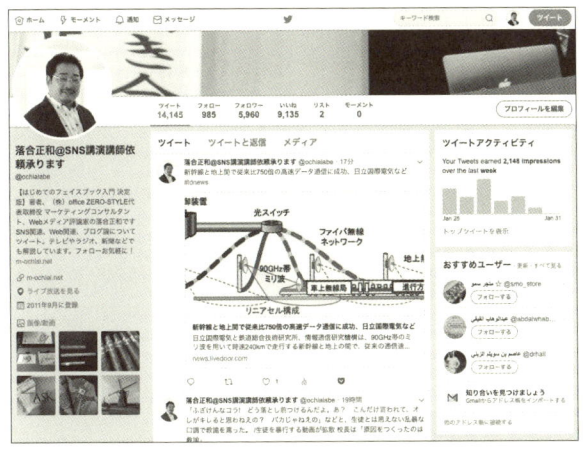

コミュニケーションが行われる、タイムラインの中心を向いたプロフィール写真

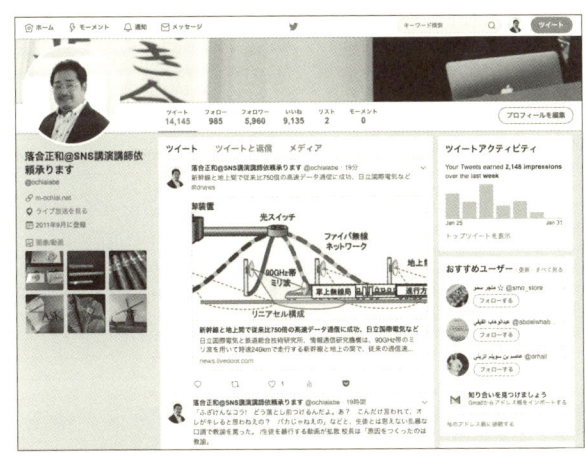

タイムラインに背を向けたプロフィール写真。あまり印象は良くない

　いかがでしょうか。上下のプロフィール写真は、どちらのほうが自然に感じますか？　一般的な感想としては、上のほうが違和感がないと思います。上の写真は、目線が画面の中央にあるフィードに方向に向かっています。それに対して下の写真は目線が外に向かってしまっています。

　人の目を見て話さない人の印象があまり良くないのと同じで、フィードを向いていないプロフィール写真は、少し違和感を覚えるケースがあるの

Chapter

01

Chapter

02

Chapter

03

Chapter

04

Chapter

05

Chapter

06

です。

　実はこのプロフィール写真の向きというのは効果絶大で、目線の向きにごとにフィードの投稿にあるリンクのクリック率を計測したところ、目線がフィードに向かっているパターンのほうが1.25倍高くクリックされているという結果が出ました。このようなちょっとしたポイントで、印象やクリックの数も変わってくるのです。

　まっすぐ正面を向いたプロフィール写真は、読者を凝視しているような違和感を与えるケースもあるようです。ほんのわずかでも目線を逸らしたプロフィール写真を使用したほうがよいでしょう。

専門家ブログのレイアウトを設定する

専門家ブログに
記事を投稿する

ブログ記事の基本的な書き方

→ ブログを書く際はルールを設ける

　ビジネスブログにおけるコンテンツ制作には、さまざまなものが求められます。信用や信頼を得るための文章、共感を得るための文章、セールスライティングなど、その要素は多岐にわたりますが、ここでは共通して使えるコンテンツ制作の「基本ルール」についてお伝えしていきます。

　コンテンツ制作にもルールがないと各記事の印象が異なってしまい、ブログの世界観を生み出すことが難しくなったり、読者に違和感や不安感を植えつける要因になったりします。

　もちろんルールを定めるのは、ブログ運営者であるあなた自身です。これからお伝えする内容は、あくまでも私の経験から得られた私のルールです。これを参考にして、ご自身のブログコンテンツの制作ルールを設定してみてください。

▶ 強調の太字、赤太字の多用はしない

　私のブログの場合は、文章を強調したい時は黒太字、それ以上に強調したい時は赤太字、注意文などには赤字を使うようにしています。

　派手に蛍光色や絵文字を散りばめた記事もよく見られますが、コンテンツの信頼性なども鑑みると、信用を落とす要因にもなりかねません。読みやすさという視点で考えてもメリットは得られず、自己満足の記事になってしまいます。

　私のルールに縛られる必要はありませんが、常にユーザー目線で見やすい配色で書くことを心がけるべきです。

▶ 文章構成と文字量を整える

　ブログと、書籍や新聞では読まれ方に大きな違いがあります。事前に料金の支払いが発生し、読むことを前提に購入されている書籍や新聞に対し、

無料の上、空き時間にスマートフォンで流し読みされてしまうのがブログです。読者の心構えには大きな差が生じています。

　構えて読まれる書籍や新聞は、ギッシリと詰まっているほうが満足感がありますが、ブログでは見た目にも重く、すぐにタブを閉じられてしまいます。ブログ記事の場合は、訪れた人が上から下までサラッと読むだけでも何となく内容を理解できてしまう構成にしなければなりません。

　そこで、文章中の適切な場所にわかりやすい見出しを設け、文と文の合間が詰まりすぎないように空白改行を上手に活用していきます。

　私が文章構成で意識している点は以下の通りです。

- 文章は長くても3行以内にまとめる
- 「。」で空白改行、「、」で改行はしない
- 適切な位置に見出しを設ける
- 見出しだけでも何を伝えたいのかが見えてくるように書く
- 最初の見出し直下で何を伝えるのかを明確に書く
- 最後の見出しで結論とまとめを書く

　このような点を意識すると、読者にストレスなく最後まで読んでもらいやすいブログになっていきます。また、文章のリズムを揃えないことも大切です。

　3行 空白 3行 空白 3行 空白 …
　と同じリズムの文章が続くと、読み手にはストレスになります。適度にバラける文章の長さのほうが読みやすい記事になるでしょう。もちろん、これらのルールは「絶対」ではなく、時と場合に応じてさまざまに変化させていきましょう。

▶ ですます調、断定口調のどちらがよいのか

　ブログでの言葉遣いは本当にさまざまで、ですます調や「〜である」、「〜だ」といった断定口調から、友達と話しているようないわゆる「タメ口」まで、ブログごとに人それぞれです。ですます調は安定感があり、誰が使

Chapter 01

Chapter 02

Chapter 03

Chapter 04

Chapter 05

Chapter 06

専門家ブログに記事を投稿する

っても違和感がありません、断定口調は言い切ることで説得力が増し、タメ口は読者との距離感を近づけます。三者三様で、どれを使っても構いませんが、どれかに統一したり、カテゴリーごとに使い分けるなどルールを決めておきましょう。

　統一も法則性もない状態でバラバラに使ってしまうと、混沌として読者に不安や違和感を与えてしまうことになります。

　また、"言葉遣い"はブログの世界観や雰囲気を決める大きな要素にもなるので、一定のルールを決めておくようにしましょう。

ブログコンテンツの「型」を作り、早く楽に記事を書く

→ 自分の「型」を作る

　ブログを継続して書き続けるのは、とても大変な作業です。現在のGoogleのアルゴリズムは必要十分な文字量も求められますし、スマートフォンの普及で活字慣れしたユーザーの目も肥えています。1記事あたり数千字を書くのは当たり前になってきました。ですが、

- ブログを書くのに時間がかかる
- ブログを書くのがつらい
- ブログに何を書けばよいのかわからない

　という思いを持っている方も多いのではないでしょうか。特にブログを書き始めたばかりの頃は、このような思いは強いかもしれません。乗り始めたばかりの自転車と同様に、最初の一漕ぎは一番重く感じるものです。

　ブログ運営は、慣れないうちはとても大きな負荷がかかっているように感じます。ところが、毎日のように書き続けているうちに、自ずと自分の文章の「型」のようなものが出来上がり、ある一定の地点を超えると筆が進むようになっていきます。その頃になると、先ほどの悩みはいつのまにか消えてしまいます。

　書くことをやめさえしなければ、自然と「型」は生まれますが、そこにたどり着く前に挫折してしまう人が多いのです。ここでは早めに自分なりの「型」を作り込めるよう、いくつかのコツをステップごとにご紹介いたします。

→ ステップ1：「誰に」「何を」書くのか？

　ブログを書き始める前に確認しなければならない大事なことが、この2

Chapter 01
Chapter 02
Chapter 03
Chapter 04
Chapter 05
Chapter 06

つです。

「誰に」

「何を」

　これを基準にコンテンツを提供していきましょう。ただ漠然と書くのではなく、読み手をきちんと想定し、彼らの悩みを解決してあげるということです。

　例えばこの項でお伝えしている内容は、

「誰に」＝これからコンテンツを作り始めるブログ運営者へ

「何を」＝早く書ける！　楽に書ける！　ブログの『型』

　の供です。最低でもこの「誰に」「何を」を決めておけば、ブレない記事が書けるようになります。

　思いつきで頭に浮かんだことを書いていくよりも、寄り道をしなくて済みます。ネタも絞り込みやすくなり、目的に沿って書き進めるのでブログの執筆時間も短くなるでしょう。

→ ステップ2:構成を作る

　次にブログの構成です。学校で習った「起承転結」も悪くはありませんが、もっとシンプルなほうが読まれやすいように感じます。

　ブログは無料で閲覧できる上、じっくりと読んでやろうという姿勢で読まれることは少ないです。見出しで判断して必要なところだけを読むという方が多いです。「起承転結」は、どちらかと言えば新聞や書籍などに合う構成で、文章の一文字一文字を読み込むタイプの読者には合うでしょう。

　ブログという媒体の読者のニーズを考えると、できるだけシンプルに、わかりやすい構成にする必要があり、その上でじっくりと読みたい読者のための奥行きも持たせたいところです。そうなると、

「結論」→「本論（解説）」→「結論」

　という構成は非常にわかりやすく、シンプルでありながら、文章量が多くなっても読みやすい、ブログにはピッタリの『型』となりおすすめです。

「結論」＝最初に結論を提示し
「本論（解説）」＝その結論に至る理由を解説
「結論」＝最後にもう一度結論を伝える

　といった構成になります。私のブログコンテンツの多くは、この「型」を基に制作されています。ブログの本文を書き始める前に、簡単なメモ書きでよいので、上記のように構成を書き出してみましょう。ブログを書くスピードも上がってくるはずです。

→ ステップ3:最初に記事タイトル＋見出しを作る

　当てずっぽうに本文を書き出すのではなく、最初に見出しを作りましょう。建築と同じで、まずはしっかりとした基礎と柱を立てなくてはなりません。ステップ2で組んだ構成を基に、見出しを書いていきます。

　この段階でキーワードも意識しておくとよいでしょう。SEO施策の基本としてタイトルや見出しに適切なキーワードを含め、あくまでも自然な文章で、読者にわかりやすい記事タイトルと見出しを考えます。

　隙間時間にタイトルと見出しだけでも作っておくと、コンテンツ制作の時間も短くなります。私の場合、移動中の電車やタクシーの中で、iPhoneのメモ帳アプリを使い、タイトルと見出しづくりを終わらせてしまいます。

　その後、パソコンを開いて本文に肉付けして一気に書き上げるという二段構えのスタイルです。

　何もない白紙の段階から書こうとするとなかなか動けないものですが、見出しが決まっていれば事前の材料集めや調査もしやすくなり、結果的に内容も深くなり、ブログを書くという行為が劇的にラクになります。

　これらの3つのステップを参考に、慣れたら自分流にカスタマイズすれば、さらに進化できるはずです。

Chapter 01
Chapter 02
Chapter 03
Chapter 04
Chapter 05
Chapter 06

SEOの基本的な知識

→ 押さえておきたいSEOの基本知識

　ブログを書いているのであれば、SEOという言葉はよく耳にすることでしょう。ブログ運営を行っていくにあたり、SEOの学習は欠かせません。

　しかしながら、SEOというものは大変奥が深く、学習しようと思えばいくら時間があっても足りません。すべてを知ろうとすることは不可能です。検索アルゴリズムは日々変化しており、学習をやめられる日は永遠に来ないでしょう。

　ですが、SEOの知識を求めすぎると、かえって手が止まってしまうケースは多々あります。

　必要最低限のSEOの基本と、その考え方のみを知識として持ち、SEOの研究よりもコンテンツ制作に励みましょう。利益への近道は、SEOの研究ではなくコンテンツ制作にあります。

→ コンテンンツ制作はユーザーのために

　検索エンジンは、ユーザーが求める最善の検索結果を提示しようとしています。検索アルゴリズムの変更は、都度必要な対応に合わせて行われていたり、新しい技術を搭載したりするために行われていますが、すべてユーザーが求める最善の検索結果のために行われているのです。

　私たちは、アルゴリズムの変更に合わせて施策を変える必要はありません。 ブログ運営者も、常に読者に対して最善のコンテンツを制作すればよいのです。

　読者にとってわかりやすいコンテンツにするためには、タイトルや見出しに適切なキーワードを含め、求める回答を本文の中にしっかりと書き込んでいかなくてはなりません。

　読者の多くがスマートフォンを使って記事を読むのであれば、スマート

フォンに最適化された表示をすべきですし、ウェブサイトの表示速度が遅ければ、快適な速度となる工夫をしなくてはなりません。

　つまり、ユーザーファーストのコンテンツを制作することそのものがSEOなのです。難しいテクニックで検索エンジンを攻略するのではなく、常に読者目線のコンテンツ制作を意識していれば、自然と検索順位は上がっていきます。

→ ページのタイトル、見出しは極めて重要

　SEOにおいて最も重要な施策が、キーワードをタイトルや見出しに反映させることです。その記事に何が書かれているかがわかる、適切なキーワードを適切な位置に反映させておく必要があります。

　「どんなキーワードを使えばよいですか？」という質問を受けることも多いのですが、あなたのコンテンツの内容に対し、読者がどんなキーワードを使って検索するかを考えましょう。

　読者が求める回答や読者の検索意図に合った情報を、適切なキーワードとともに提供していくことが求められます。

→ 良質なオリジナルコンテンツを提供する

　とにかくあなたにしか書けない良質なコンテンツを制作することです。良質なオリジナルコンテンツの作成方法については、前に述べた通りです。どこにでもあるような内容のコンテンツや、誰にでも書けるようなコンテンツは、良質なコンテンツとは言えません。中身の薄いコンテンツも同様です。

　そして、コンテンツの目的はすべて悩みの解決です。読者は悩みやニーズを解決するために検索エンジンで答えを探します。徹底的に読者の悩みに寄り添い、その解決の力となりましょう。

　検索エンジンで上位表示されるためには、他のサイトよりも有益で信頼性があり、価値のあるコンテンツを作成する必要があります。ユーザーを惹きつける内容にしていきましょう。

　もしどうしても検索エンジンで上位表示できない時はテクニックにこだ

Chapter 01
Chapter 02
Chapter 03
Chapter 04
Chapter 05
Chapter 06

Chapter 01

Chapter 02

Chapter 03

Chapter **04**

Chapter 05

Chapter 06

わらず現在自分のブログよりも上位にあるウェブサイトをチェックし、読者目線でそれ以上に有益なコンテンツを作成することです。

こうした作業の連続でコツコツと順位を上げていけば、必ず結果につながるでしょう。

→ ナチュラルリンクを獲得する

良質なコンテンツを制作し、それを求めるユーザーに適切に提供できれば、自然と被リンク（ナチュラルリンク）は集まります。リンクを獲得できているということは、多くのサイトに支持されていると判断され、検索結果で優遇されるようになります。

かつてはこの仕組みを悪用し、偽装された大量のリンクを自分のブログに張って、検索上位を獲得する手法が流行りました。このような検索アルゴリズムを不正に利用したSEO手法のことを、ブラックハットSEOと呼びます。現在の検索アルゴリズムは、リンクひとつひとつの質も見ており、今や同じ手法は通用しません。

自然に支持されたナチュラルリンクを獲得していく必要があります。では、どのようにナチュラルリンクを集めればよいのでしょうか？

検索エンジンを中心に考えると、この話は「卵が先か鶏が先か」といった複雑な話になってしまいます。検索エンジンで上位表示されるためにはナチュラルリンクが必要で、ナチュラルリンクを獲得するにはコンテンツを見てもらう必要があり、コンテンツを見てもらうには検索エンジンで上位表示される必要があります。

しかし現在は、検索エンジン以外にも、SNSやFacebook広告をはじめとしたウェブ広告があります。あらゆるツールを活用し、ユーザーに良質なコンテンツを届けていきましょう。魅力的な人のもとには人が集まるのと同じで、魅力的なコンテンツにはリンクが集まるのです。

→ SEOは経験を通じて得られるスキル

究極、SEOはコンテンツの質と被リンクの質と数で決まります。しかし、その背景には複雑なアルゴリズムが走っており、一言ではとても言い表す

ことができません。

　そのアルゴリズムの性質を分析してテクニックによって攻略しようとする姿勢は、読者に対して最善のコンテンツを提供するという本質からズレてしまい、結果、ブラックハットSEOとなってしまいます。また、そうしたテクニック論は、根拠のない情報だったり、事実と異なる情報だったりすることも少なくありません。

　私たちはそのようなテクニック論に踊らされることなく、ただひたすら読者の悩みを解決できる良質なコンテンツを作り続けるしかありません。そして、それを多くのユーザーに届けられる努力をしていきましょう。それがブラックハットSEOの対に存在する、ホワイトハットSEOです。すべてはユーザーのニーズに応えるための作業であり、検索エンジンもユーザーの一人だと考えると、間違った努力に進む心配もなくなるでしょう。

　また、ブログ運営者であれば、Google Search Consoleに用意された「検索エンジン最適化（SEO）スターター ガイド」は一度目を通しておきましょう。ここに記載された以上の知識は必要ありません。専門知識を詰め込むよりも、良質なコンテンツをひとつでも多く読者に届けましょう。

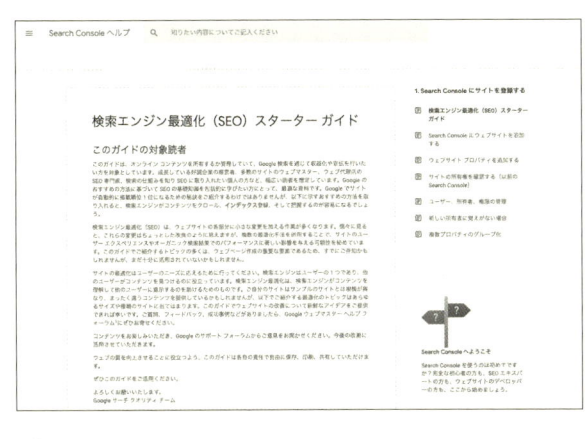

普遍的なSEOの考え方が綴られている。ブログ運営者は必ず目を通しておきたいもの
https://support.google.com/webmasters/answer/7451184?hl=ja

Chapter 01
Chapter 02
Chapter 03
Chapter **04**
Chapter 05
Chapter 06

専門家ブログに記事を投稿する

ブログから取材を受ける

→ メディアも検索エンジンで取材先を探している

　大変ありがたいことに、私はテレビ、新聞、ラジオと、本当に多数のメディアに出演させていただいております。これらはすべて、ブログを通じてのオファーであり、決してコネがあるとか、こちらからの直接のアプローチによるものではありません。メディアの方々に検索エンジンで見つけていただいたことで得られたものです。

　しかしながら、検索エンジンで見つけていただく工夫や、その後にオファーを決定していただくためのコンテンツは、意図して制作しています。

→ 取材獲得のためのコンテンツ

　テレビや新聞などのメディアの影響力はいまだ強いものがあります。その宣伝効果は絶大です。また、普段からインターネット上での活動をメインにしているため、マスメディアなどへの露出により、これまでなかなか接点を持つことができなかったお客さまとつながることもできます。

　私自身、そのような機会をとても大切にしており、声がかかればできるだけお受けできるように努力しています。

　では、取材獲得のために私が制作しているコンテンツとはどんなものでしょうか。

　私は、テレビのディレクターさん、プロデューサーさん、新聞や雑誌の記者さんをペルソナにした記事をよく書いています。あなたも、テレビやラジオ、新聞などで、専門家が登場し、ニュースなどの詳細な解説をしている姿を見たことがあるでしょう。ニュース番組や情報番組、雑誌の特集などで、専門家が意見を述べるコーナーが多数あります。

　そして、マスメディアの方々は、その専門家を探す際に検索エンジンをひとつのツールとして活用しています。もちろん過去の出演者や独自のデ

ータベースなど、他のツールも使っているとは思いますが、検索エンジンから私を見つけてくれる機会も多いようです。

　ですから、私は積極的にニュース性のあるコンテンツを制作しておき、取材に備えるようにしています。

　具体的に言えば、いち早く情報を察知し、テレビや新聞、雑誌などで取り扱われそうな情報を、専門家の視点でコンテンツを制作しておきます。また、そのコンテンツは、そのままテレビの台本として使用できるような流れで制作しています。検索キーワードについても、専門家や解説者を探すのにどんなキーワードを使うのかを想像し、それに合わせたコンテンツを制作するのです。

　例えば、インフルエンザの流行をテレビの情報番組で特集するのであれば、どのような内容になるでしょうか？

1. まず最初にインフルエンザの流行が始まったことを伝え
2. それに伴い何が起きているかを伝えます（学級閉鎖など）
3. 専門家に登場してもらい、予防方法や罹患した際の対処法を伝え
4. どの時期まで警戒が必要かなどの情報を伝えて締める

　このような番組構成は、普段からテレビを見ていれば想像できると思います。また必要な情報が適格に網羅されているので、ブログコンテンツとしても良質なものを提供できるでしょう。この流れであれば、テレビの台本にもうまく当てはめられるはずです。

　こうしたコンテンツを提供することで、マスメディアの方々に見つけてもらえるようになるのです。また、取材された際には、どのようにして私を見つけてもらえたのか、どんなキーワードで検索したのかをできるだけ伺うようにしています。それらの要素を踏まえ、次のコンテンツを制作していくのです。

　また、ブログのプロフィールページやサイドバーには、過去の出演履歴、掲載履歴などを掲載するようにしています。

　これは私の推測にすぎませんが、同じ取材対象が2人いたのなら、まったく経験のない人間よりは、何度か経験をしている人のほうが安心して声

専門家ブログに記事を投稿する

Chapter 01

Chapter 02

Chapter 03

Chapter

04

Chapter 05

Chapter 06

をかけられるのではないでしょうか。

　実際に、私のサイドバーに記載された過去の出演経験を見て、オファーをいただいた事例もありました。できる限り機会を得られるようにブログ上で工夫を凝らしておきたいものです。

　しかし、先方の求めるクオリティにかなう知識があり、わかりやすく解説できる技術がなければ、出演や掲載には至りません。当然、事前にその確認は行われます。また、自分の信念や意見とは異なる回答をするようなこともできません。扱われるテーマによっては、炎上のリスクを覚悟する必要もあるかもしれません。デリケートなテーマを扱う際にはさらなる注意が必要で、決められた時間の中で誤解を招くことのないよう十分に言葉を選びながらも、そのメディアを見ている方々に、必要な知識を提供しなくてはなりません。

　闇雲に取材獲得のコンテンツを作成したところで、実力が伴わなければ意味がないということも理解しておきましょう。

ブログから集客する

→ ブログは24時間働き続ける集客ツール

　私はブログを開設して以降、弊社の顧客は、8割以上はブログによる集客に頼っています。

　一部、SNSや、口コミや紹介で顧客となっていただけるケースもありますが、その際も"まずはブログを見て"来ていただけることがほとんどです。

　私にとってブログは24時間休むことなく働き続ける集客ツールであり、商品カタログであり、名刺ともなり、仕事を運んできてくれているわけです。

　ここでは、そのようにブログを集客ツールとして使うためのコンテンツ作りについてお伝えして参ります。

→ 集客のためのコンテンツ

　パソコンやスマートフォンが普及し、誰もがインターネットに触れる世の中となりました。SNSを使ったコミュニケーションも当然の時代ではありますが、自ら独自ドメインでブログを立ち上げ、情報発信となると、まだまだ一部のユーザーに限られます。

　とくに伝統的な企業や歴史深い業界などでは、まだまだ、「ホームページは業者に丸投げ！」という方々も多く存在します。まだまだ多くのお客様を集客できる余地がありながら、諦めてしまっているケースが多いように感じます。

　「ホームページは業者に丸投げ！」という方々に多いのが、『○○市＋○○（業種名）で、ずっと検索1位をとっているのに、全然集客できないんですよ。やっぱりこの業種はネット集客に向かないのかな…』というような声です。

　これは判断すべきところが違います。

Chapter 01

Chapter 02

Chapter 03

Chapter **04**

Chapter 05

Chapter 06

たったひとつの地域キーワードで1位をとっていても、多くの顧客には届きません。顧客の全てが『○○市＋接骨院』といったひとつのキーワードの組み合わせで探しているわけでは無いからです。たったひとつ検索1位をとっただけで顧客が集まると考えるのは危険ですし、それでネット集客、ブログ集客を諦める必要はありません。

顧客も十人十色。欲しい商品やサービス、ニーズも違えば、悩みも、検索エンジンの使い方すらも、個人差があるのは当然。もっとロングテールで考えないといけません。

「ホームページは業者に丸投げ！」というタイプの方々の場合、Webサイトの更新そのものが少なく、必要なキーワードを網羅できていないのです。では、どのように検索から見つけてもらえる仕掛けを作れば良いのか？一緒に考えていきましょう。

▶ 地域名＋業種名キーワード を網羅する

業種名＋地域名キーワードは、集客コンテンツの基本です。このコンテンツだけでドシドシと集客できるわけではありませんが、最低限必要な項目といっても良いでしょう。特に店舗型の事業を営まれている場合は絶対に外すことはできません。

そして、地域名はひとつではありません。顧客がどのようなキーワードであなたを探すのか？　を想定してみましょう。

地名、町名、屋号、駅名…　○○近くの〜　○○バス停から〜

といったように、さまざまに想定できるはずです。会社や店舗が存在する地名は当然のこと、顧客は隣り合った市町からもやってきます。地元のキーワードだけでなく、隣接した地名のキーワードも用意しておくことは当然必要です。想定できるキーワードの全てを、ブログ、ホームページ内に網羅できるようにコンテンツを作っていきましょう。

ただし、スパムのように無意味にキーワードを羅列させたり、不自然なキーワードの詰め込みは、ペナルティの対象となります。地域名を含んだキーワードをつかいながら、あくまでも自然なコンテンツ、有用なコンテンツのを作成するよう意識しましょう。

▶ 悩みや疑問の解決に関連するキーワードを網羅する

　読者は多くの場合、悩みや疑問を解決する為、検索エンジンを利用します。クルマのタイヤがパンクすれば、「タイヤ 修理」、「パンク、業者」、「タイヤ交換」など、さまざまなキーワードで検索することでしょう。これらは悩みや疑問の解決方法を探しているわけです。

　こういった読者の悩みや疑問を、あなたの専門性で解決するコンテンツを作っていきましょう。そして、コンテンツ内にはしっかりと関連するキーワードを網羅していく必要があります。

　例えば、あなたが接骨院を経営する柔道整復師の場合、読者は打撲・捻挫・挫傷（肉離れ等）・骨折・脱臼などの疾病に悩んでいることを想定されると思います。しかしながら、患者さんが必ずしもそのキーワードで検索してくれるとは限りません。むしろ、自分の怪我を「挫傷」と表現する人は、ほぼ皆無です。

　専門的な症状名のみならず、一般の人がその症状をなんと呼んでいるか？を想定する必要があります。柔道整復師の先生方は慣れてしまっているので『外傷性頸部症候群』など、専門的な症状名で呼ぶことも多いですが、そのキーワードを検索するのはプロの方々です。読者を患者さんと想定するならば、患者さんに合わせたキーワードを用意するべきでしょう。患者さんの多くはその症状を、『外傷性頸部症候群』ではなく、シンプルに『首の痛み』と呼ぶはずです。

　さまざまな表現が求められます。

　肩こり、腰痛、ギックリ腰、顎関節症、関節炎…
　○○の痛み、○○の違和感、○○が痛い…
　スポーツ外傷、テニス肘…

　患者さんには、症状に対しても、治療法に対しても、知識が全く無いことを理解してあげた上で、想定されるキーワードを用意してあげてください。患者さんはその怪我や痛みをどう表現したら良いかわからないのです。

　この柔道整復師さんの例を参考に、自分の専門性に当てはめながら、必要な悩みの解決、キーワードを想定し、コンテンツを作っていきましょう。

　適切なキーワードが置かれ、しっかりと悩みを解決できる質の高いコン

専門家ブログに記事を投稿する

テンツは次第にアクセスを集めるはずです。

▶ 基本情報の掲載

　Web集客において必要な項目は、検索エンジンへの最適化（SEO）だけではありません。読者の悩みや疑問を解決する質の高いコンテンツの制作や、キーワードの落とし込みは、検索エンジンで読者に見つけてもらうために必要なこと。

　今度は見つけてもらった読者に対し、あなたの会社やお店、または申し込みフォームなどに足を運んでもらうための記事や記載事項が必要になります。

　会社やお店、申し込みフォームなどに来てもらう為に、最低限必要な情報を揃えなくてはなりません。

　以下の情報がしっかりとブログ上のわかりやすい場所に設置されているか、確認しておきましょう。

1．住所、地図、最寄駅からのアクセスなど

　営業所や店舗を持つ場合、訪問したくても場所がわからなければ意味がありません。また住所だけをポンと置かれているだけでは不親切です。Google mapsを埋め込んでおくなど、地図の用意は必須事項です。できれば最寄駅からの道順案内の記事を写真入りで掲載してあげると良いでしょう。

2．営業時間

　営業時間もわかりやすく記載しましょう。サイドバーなど、いつでも見える場所にも掲載しておくと良いでしょう。曜日によって営業時間が異なる店舗や会社も多いです。わかりやすく曜日ごとに記載してあげてください。表にしてあげると親切です。

3．定休日（休業日）

　営業時間と同様にサイドバーに設置しましょう。店舗を持たない業種であっても、電話や訪問での依頼を受け付けている場合、対応が可能な時間帯など記載しておきましょう。それにより先方も安心して連絡を入れるこ

とができます。

4. 予約フォーム、お問い合わせフォーム

　フォームは1要件に1フォーム必要になります。商品やサービスへの申し込みフォームは当然のこと、取材依頼や執筆依頼など、必要な要件ごとにフォームを用意しておきましょう。

5. 電話番号

　インターネットの扱いが苦手な方、電話の方が良いという方も、まだまだ多く存在します。電話番号を用意することで、確実に依頼は増えます。同時に手間も増える為、対応時間を限定するなど工夫があると良いでしょう。

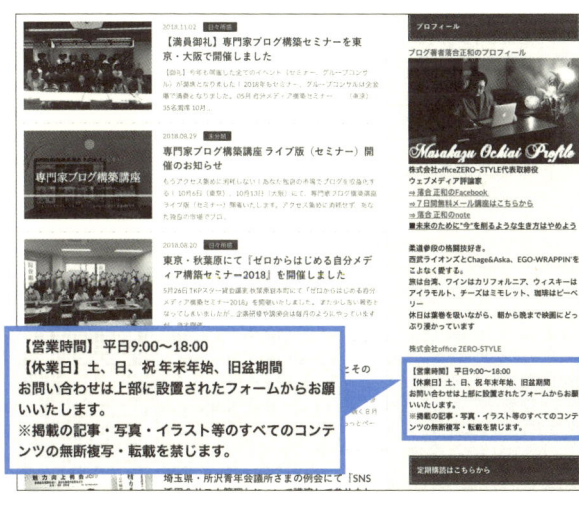

営業所や店舗を持たない業種であっても、営業時間や休業日などは記載しておいたほうが読者に対しても親切であり、自身にとっても仕事とプライベートのメリハリがつけられる

Chapter 01
Chapter 02
Chapter 03
Chapter 04
Chapter 05
Chapter 06

専門家ブログに記事を投稿する

Chapter
01

Chapter
02

Chapter
03

Chapter
04

Chapter
05

Chapter
06

取材と集客が増え続ける サイクルを作る

→ 小さな実績を大きな実績へ

　誰でも産まれた時から専門家だったわけではありません。学習し、実績を積み上げ、少しずつ世の中に認知されて、専門家として評価されるようになっていきます。ビジネスブログで利益を得るためには、読者からの信用と信頼が必要です。それを獲得するためには、しっかりとあなたの実績や経験をお伝えしていく必要があります。

　ただし、すべての人に実績が備わっているわけではありません。これから実績を積み上げなくてはならない人も多いでしょう。ここでは、そのための具体的な道筋をお伝えしていこうと思います。

　ここでお伝えしたいノウハウは、現在実績ゼロの人であっても、小さな実績を積み重ね、次第に大きなものへと推移させていく方法です。まるで『わらしべ長者』のように、手にした実績が次々と大きなものに変化していくノウハウです。

→ ブログを書き続けることで専門家になり得る

　ビジネスブログを構築し、自らのブランドを展開していくにあたり、どのような手順で進めればよいのか迷っている方も多いと思います。ここまで解説してきた内容に加え、この手法を実践するとコツコツと実績を積み上げることが可能になり、世の中に専門家として認知してもらえる位置に達することができます。魔法のようなノウハウではありませんが、ぜひ実践してみてください。

　最初にノウハウの全容をお伝えすると、

1. 学習とアクション
2. 自主的な実績の構築と実績の"見える化"

3. 実績が次の実績を呼ぶ、良質なサイクルの構築

4. メディアへの露出

5. 自主的な実績の構築（第二領域）

6. 1〜5のサイクルを回していく、または枝葉を伸ばす

となります。

　このノウハウは、わらしべ長者のように最初に得た実績を次の実績へ、また次の実績へと、少しずつグレードアップさせていくものです。現在実績を持たない人でも、無理なく専門家として仕事を獲得していくプロセスを次々体験できるノウハウになっています。

❶ 学習とアクション

　学習するだけの人はたくさんいます。書籍を読んだり、セミナーを受けたり、ウェブを検索して得た情報をブログにまとめる。そのようなコンテンツを作っている人はいくらでもいます。でも、これでは当然、個性も世界観も生まれません。

　私たちはそこからもう一歩踏み出す必要があります。学習し、そこで得た知識を活用し、自ら何らかのアクションを起こしてみます。それが失敗でも構いません。結果をコンテンツ化することが大事なのです。

　例えば、学習により「自分の住む街に訪日外国人観光客が多数来ている」という情報を得ます。さまざまな媒体を通じて、観光地Aと観光地Bが人気だという情報を得たので、それらの情報をすべてまとめ、「自分の住む街に訪日外国人観光客が多数来ており、観光地Aと観光地Bが人気です」というコンテンツを作ります。複数の情報をまとめて一本化した、いわゆる"まとめ記事"です。ここまでは誰にでもできること。AI記者でも作ることができるコンテンツでしょう。

　私たちはもう一歩踏み出します。

　「自分の住む街に訪日外国人観光客が多数来ており、観光地Aと観光地Bが人気です。そこで訪れた皆さまにアンケートを実施したところ、観光地

Chapter 01

Chapter 02

Chapter 03

Chapter 04

Chapter 05

Chapter 06

Cも人気だということがわかりました」

「自分の住む街に訪日外国人観光客が多数来ており、観光地Aと観光地B
が人気です。そこで観光地Aと観光地Bで人気のお土産を調べたところ、商
品Aがよく売れていることがわかりました」

　観光地Cと商品Aの情報は、自らのアクションで得た新しい情報になり
ます。これらは他の媒体には一切掲載されていないので、完全にオリジナ
ルコンテンツです。AI記者には作れません。アクションの内容は、もちろ
ん読者の求めるものにしましょう。
　ここまでやるだけで上位3％には入れるのではないでしょうか。多くの人
は学習するだけでアクションを起こしません。どんな些細なことでも構わ
ないので、自分なりのアクションを起こしてみましょう。

学習→アクション→コンテンツ化

　これでその他大勢のコンテンツ群からひとつ頭が抜けて、オリジナルコ
ンテンツという武器を持ち、次のステップへの架け橋となっていきます。こ
の最初のオリジナルコンテンツが"わらしべ"になります。

❷ 自主的な実績の構築と実績の"見える化"

　オリジナルコンテンツで次第に読者やファンが生まれてくるようになっ
たら、次のチャレンジです。
　どんな人であっても例外なく、最初は実績ゼロからのスタートです。ゼ
ロの状態から、いきなり大きな実績を作るのは容易ではありません。最初
の実績の構築は、自分の努力で解決できる自主開催企画を起こします。

- セミナー
- ワークショップ
- 教室
- イベント

などを実践してみましょう。はじめから大人数を呼べる人はいません。3人、5人、10人と、少しずつ規模を大きくしていけば大丈夫です。ブログだけではなくSNSなども活用して告知していきます。1人も呼べない！　となっても大丈夫です。その時は❶に立ち返り、コンテンツの量を増やしたり、質の向上を図りましょう。ひとつひとつのステップを確実に登っていけばよいのです。

開催したセミナー、ワークショップ、教室、イベントなどの中身が良ければ、繰り返し開催しているうちにリピーターが生まれ、次第に規模は大きくなっていきます。あなたにしか開催できない魅力ある企画を作り上げましょう。

これらの企画の開催は、あなたの実績になります。人を呼べる力の証明にもなりますし、企画を実践できる実力の証明にもなるでしょう。企画の開催実績はプロフィールやサイドバーに記載して、実績の"見える化"をしておきましょう。

❸ 実績が次の実績を呼ぶ、良質なサイクルの構築

意外にも、実績の"見える化"ができている人は少ないのが現状です。「こんなことが実績になるの？」、「このぐらいの実績を載せてもいいの？」を思っている人も多いようですが、実績の"見える化"は絶大な効果を生み出します。私自身、サイドバーにさまざまな実績を掲載していますが、それらを読んだ方々からの仕事の依頼や取材依頼などが続々と集まっています。実績が次の実績を呼ぶ良質なサイクルを、サイドバーが生み出しているのです。

私が主催するブログ構築グループのメンバーである、メンタル食事療法専門家の安楽真生子さんは、プロフィールやサイドバーにセミナーの開催実績を掲載し、実績の"見える化"を充実させたところ、地方行政組織から声がかかり、講演の依頼を獲得しました。また、オンラインメディアからのライター依頼もあり、今もなお続々と実績を積み上げています。

Chapter 01
Chapter 02
Chapter 03
Chapter 04
Chapter 05
Chapter 06
専門家ブログに記事を投稿する

Chapter 01

Chapter 02

Chapter 03

Chapter 04

Chapter 05

Chapter 06

メンタル食事療法専門家　安楽真生子official blog
http://anrakumakiko.com/

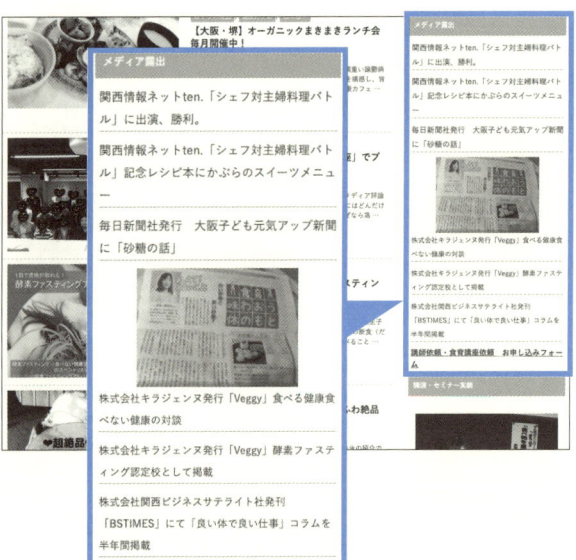

安楽さんも新聞掲載、講演実績などをサイドバーに掲載。次の仕事に繋がっている

　アドリブトークの専門家で、放送作家の渡辺龍太さんも、ブログのプロフィールおよびサイドバーに著書や講演実績、テレビやラジオの出演履歴などを掲載して実績の"見える化"を充実させたことで、取材依頼などを次々と獲得されています。

アドリブトークの専門家　渡辺龍太のブログ
http://kaiwaup.com/

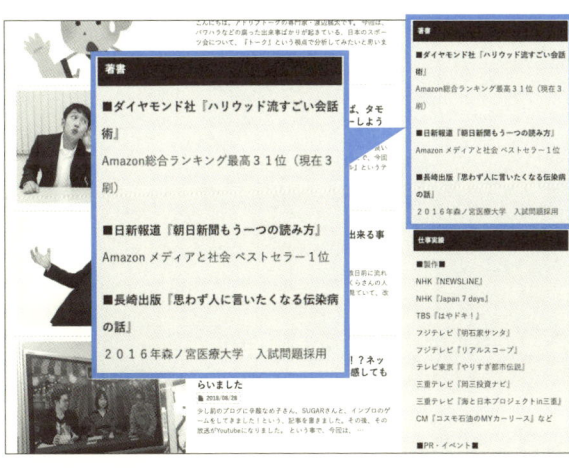

渡辺さんは出版の実績、テレビ、ラジオなどの出演履歴をサイドバーに綴り、多数の取材を獲得

　ブログ「こぐまやのせかい」を運営する小沢未央子さんも、教室・講座開催実績や経歴をプロフィールおよびサイドバーに掲載。自治体からのつまみ細工教室の講師依頼や、ボールペン講座の講師依頼などを次々と受けています。

専門家ブログに記事を投稿する

Chapter 01
Chapter 02
Chapter 03
Chapter 04
Chapter 05
Chapter 06

専門家ブログに記事を投稿する

こぐまやのせかい
https://kogumayalife.com/

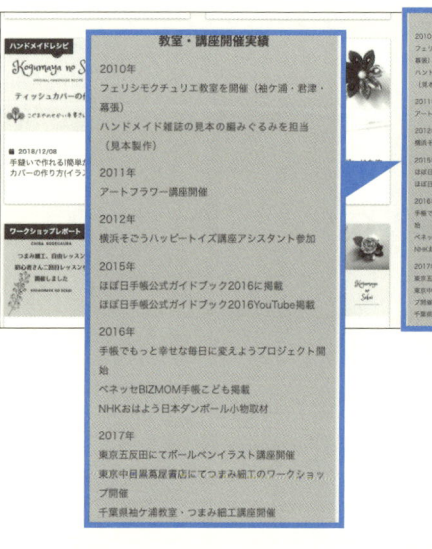

小沢さんは教室の開催実績をサイドバーに記載。今では次から次へと教室の講師依頼が舞い込む人気講師となっている

　　実績の"見える化"を実践すると、外部からの仕事の受注や問い合わせが入るようになってきます。そして、ここで得られた第三者からの依頼による実績を、また"見える化"していくことでより仕事が入りやすくなり、雪だるま式に実績が積み上がっていくようになるのです。

　　自ら主催した実績よりも、第三者に評価（依頼されるということ）された実績のほうが、より高い信頼につながります。ここを膨らましていくこと、"見える化"していくこと、この作業がビジネスブログを大きく育てていく重要な要素となっていくのです。可能であればお客さまの声を集めた

ページなども、この段階で作っておくとよいでしょう。

　また、前例を大切にする行政や自治体からの仕事も、実績があることで獲得しやすくなります。行政や自治体は被リンク効果も高く、仕事で得られる収益以上に大きなメリットを獲得できます。ぜひ受注していきたい案件です。

❹ メディアへの露出

　サイドバーやプロフィールを活用し、実績の"見える化"により良いサイクルを構築できたら、次に狙うはメディアへの露出です。

　メディアへの露出には、実績と実力が必要な要素です。実績を証明できるようになったら、メディアに出て行くためのコンテンツを量産しましょう。自分の専門性に合わせ、ニュース性の高いコンテンツを作るとよいでしょう。

　ここで獲得した取材やメディアへの出演も、また実績としてサイドバーやプロフィールへの記載を忘れてはいけません。

❺ 自主的な実績の構築（第二領域）

　ここまでくると、良質なサイクルは加速し、放っておいても仕事が舞い込むブログへと成長しているでしょう。そして、その成長をさらに大きなものにしていかなくてはなりません。

　❷の段階で自主開催企画による実績の積み上げをお伝えしましたが、今度はその規模をさらに拡大していきましょう。実績を重ね、メディアにも露出し、あなたの読者やファンはさらに増えているはずです。

　10名の企画を開催していた人は、100名を目指しましょう。また、企画の質も高め、企画そのものに取材がくるようになると、さらに素晴らしいものになります。

❻ ❶〜❺のサイクルを回していく、または枝葉を伸ばす

　❶〜❺であなたのわらしべも、大きな実績や仕事に交換できたのではないでしょうか。この次は、さらにサイクルを回して規模を拡大したり、ビッグツリー戦略でお伝えした【枝葉】を伸ばしたり、またわらしべ交換をスタートさせるのもよいでしょう。

専門家ブログに記事を投稿する

ブログの読者を
ファンへと深める

→ 信頼、共感、コミュニケーションを提供する

　ビジネスブログを運用する上で、読者集め、そして商品やサービスを購入してもらうための集客は重要なポイントではありますが、常に新規読者、新規顧客を集め続けるのは大変なことです。また、ブログ特有の悩みでもある、フリーライダー（コンテンツを読むだけで、それ以上のアクションを起こさないタダ乗り読者）だらけになってしまうことも心配です。

　読者にせっかくブログに来てもらったのであれば、あなたの魅力となる、信頼、共感、コミュニケーションを提供し、ファンとなってもらいましょう。

→ ファンを集める、深めるコンテンツ

　ただの読者からファンとなり、さらにその数を増やしていくためには、どのようなコンテンツを提供していけば良いのでしょうか。私や弊社の顧客の皆様は次に紹介する3つの施策を実践しています。それぞれのコンテンツの詳細については次に記載した通りですが、どのコンテンツにおいても、盛りすぎや、嘘だけは無いようにしてください。読者はコンテンツを通じ、それらを必ず見破ってきます。長い時間をかけて積み上げた信頼や関係性も一回の嘘で簡単に崩れ去ります。それを理解した上で、施策に取り組んでいくようにしましょう。

▶ 小さな成功体験を読者に届ける

　集客のためのコンテンツでもお伝えした通り、ノウハウコンテンツ、悩みや疑問の解決の為のコンテンツは集客においても、ファンづくりにおいても、重要で外せない要素です。ファンを集めるためには、これに加えてもう一つ必要な要素があります。それは、「小さな成功体験を読者に届け

138

る」ということです。

　あなたの専門性を活かし、読者に小さな成功体験を与えてあげてください。些細なことでも構いません。何かしら読者にとってプラスになるような成功体験を経験させてあげられるコンテンツを作りましょう。例えるなら、

- 少し怪我の痛みが和らいだ
- 数万円節税できた
- 1人予約の申し込みが入った

　などといった、あなたの専門性に応じた小さな成功体験を、あなたのコンテンツから生み出してあげてください。その経験を受けた読者は、経験を信頼に変え、あなたの深いファンとなっていくことでしょう。

▶ 共感ポイントを生み出す

　専門性をしっかりと打ち出していくことはとても大切なことですが、それしか無いブログになってしまうと、どこか機械的に見えたり、冷たく感じられるブログとなってしまいます。ブログ運営者の人となりが見えるようなコンテンツもあると、どこか血の通ったような感覚が生まれ、読者との距離も縮まっていくことでしょう。あなた自身の持つ魅力もアピールすることができます。

　例えば休日の過ごし方や、趣味の話、家族の話などでも良いでしょう。写真や動画を使って、あなたという人間そのものを見せるとより効果的です。（ただしプライバシーの問題には十分配慮して、コンテンツ制作にあたりましょう。ブログやSNSを通じたストーカー被害も増えています）あなた自身の人となりを感じてもらうことで、より深い読者、ひいてはあなたのファンとなってもらうことができます。

　実際に私も趣味のプロ野球観戦や、葉巻、カメラ、食べ歩き、などの様子を日記のようにコンテンツ化し、提供することは多いです。これはブログのみならず、SNSの運用においても効果的です。

　ただし、専門性を打ち出したコンテンツとのバランスも考えてください。私は専門性を打ち出すコンテンツ8割、人となりを感じさせるコンテンツ2

Chapter 01
Chapter 02
Chapter 03
Chapter 04
Chapter 05
Chapter 06

割、といった割合を意識しています。あくまでもメインコンテンツは、専門性を打ち出したコンテンツであることを忘れないようにしましょう。

▶ 読者とのコミュニケーション

　ブログのコメント欄や、SNSでのコミュニケーションも、ファンを集めるには大切な施策です。もともとブログやSNSなどはコミュニケーションツールでもあります。読者やフォロワーの数が増えてくると全てのコメントに対してアクションを返すのは難しくもなりますが、可能な限りの対応をしていくことが望ましいです。

　ただし、あなたの最優先とすべきことは、読者にコンテンツを提供することです。人気ブログへと成長したり、フォロワーの数が増えて来ると、数十、数百のコメントが付くことも珍しくありません。コメント返しをノルマにしてしまったり、それだけで疲れ切ってしまうほど労力をかけてしまっては、本末転倒です。コンテンツ制作の余力で対応する程度のバランスの留めておくと良いでしょう。

柏の葉 T-SITE（蔦屋書店の周辺）にて長時間露光の夜景写真を撮影してみた。
https://m-ochiai.net/night-view-of-kashiwanoha/
趣味をコンテンツ化した事例。この記事を読んだ読者からも、複数のメッセージをいただくことができた

ブログ運営者の悩みは すべて書くことで解決する

→ 継続こそ力なり

　悩みがないブログ運営者はいないでしょう。ブログは常にさまざまな悩みを運んできます。

- アクセスが伸びない…
- 言及されない、被リンクがつかない…
- 商品が売れない…
- すぐ離脱される…
- 書く気にならない…

　ブログ運営者の誰もが抱える悩みです。私も悩みから解放されることはありません。向上心がある限り、その深さは異なれど、永遠に悩みは続きます。どこまでいっても尽きることはありません。

　この悩みを処理するために、多くのブログ運営者が『知識』や『テクニック』に解決策を求めます。必死に本を読んだり、セミナーに出たり、オンラインサロンに入ったりと、さまざまな行動をしています。それももちろん必要な努力のひとつです。私もあなたと同じように模索しています。

　しかし、多くの場合“それだけ”では解決に至りません。ブログ運営の悩みは、書くことでしか解決できないのです。知識やテクニックは不要だと言っているわけではありません。もちろん最低限のSEOの知識やライティングの知識は必要となるでしょう。でも、あなたはすでにそれらを手にしています。

　私やあなたも含め、ブログ運営者に最も不足しているものは『ブログを書く筋肉』です。もっともっとブログのコンテンツ数、毎日書く文字数を多くして、自分のブログ筋を徹底的に鍛えていく必要があります。

　そのためには、トレーニングが必要です。

専門家ブログに記事を投稿する

Chapter
01

Chapter
02

Chapter
03

Chapter
04

Chapter
05

Chapter
06

1. 数多くの記事を書いてブログ筋を鍛える
2. 自分なりのブログ構成「型」が固まってくる
3. SEO施策、売る導線づくりに取り組む
4. その合間で本やセミナーから学習

このプロセスこそが結果につながるのですが、悩みに詰まると、

1. 学習
2. 学習
3. 学習
4. 学習

　となってしまうことが多いです。朝から晩まで学習を続ける選手と、朝から晩まで走って、打って、投げている選手とではどちらの成長が早いでしょうか？　後者であることは自明の理です。

　優れたブログ運営者になりたいと思うのであれば、まず必要なのは『書くこと』です。書いて、書いて、書きまくるしかありません。ブログ筋を鍛え、書くことへの心的ハードルを取り払う。経験を積んでフォームを固めていく。

　初心者ならば、1日2,000文字を100日連続で書く。100日で20万字。このくらい書いてはじめて、スタートラインです。それ以前に悩むのはナンセンスです。数多く書くことで、自分の文章の良いところ、悪いところが次第に見えてくるようになります。コンテンツの母数が多くなればなるほど、Google Analyticsなどを使って詳細な分析が可能になります。記事数が多くなれば検索にヒットする機会も増え、当然アクセスも成約も増えます。コンテンツが増え、SNSで言及され、コメントがつくようになると、読者の気持ちもわかるようになってくるものです。ブログには書き続けてみないと経験できないことがたくさんあります。

　「悩んだらまず書いてみる！」、「書けないから書いてみる！」、「書きたくないから書いてみる！」そんなマインドが最も利益を生み出すのです。

専門家ブログで
さらにビジネスを
加速させる

Chapter 01
Chapter 02
Chapter 03
Chapter 04
Chapter **05**
Chapter 06

専門家ブログでさらにビジネスを加速させる

メールマガジンを活用する

→ メールマガジンは必須のツール

　ブログ運営をしていくにあたり、メールマガジンは必須のツールです。最近はSNSでのコミュニケーションが増え、LINEやFacebook Messengerなどのメッセンジャーアプリ、仕事においてもチャットツールなどが増え、Eメールそのものの使用頻度は減少しているのが現実でしょう。

　しかし私は、メールマガジンは発行すべきであると断言いたします。その一番の理由は、資産として積み上げることができるからです。

　ウェブの世界で資産となるのは、メールマガジンのリストとドメイン（自ら取得した独自ドメイン）だけです。それ以外のものはすべて自分以外の影響で失う可能性があります。私は無料ブログサービスを使って月間300万PVまで育てたブログのアカウントを削除された経験があります。その時の衝撃の大きさは数年たった今でも忘れることはありません。

　自分以外の人や企業が提供するプラットフォームは、当然のことながら自分でコントロールすることができません。アカウントを提供する、停止する、削除する、すべてプラットフォーム側の意のままです。規約違反でアカウントを削除されたり、ひどい場合は誤解からアカウント停止、削除されたりするケースもあります。また、プラットフォーム運営者がサービスを停止させたり、大幅にサービス内容を変えてしまったりすることも考えられます。運営企業が倒産する可能性だってあります。

　Facebookも、Twitterも、Instagramも、YouTubeも、LINEも、すべて自分のコントロール下にありません。大変便利なツールであることは間違いありませんが、アカウント削除となれば、これまで集めてきたフォロワー、チャンネル登録者、友達のすべてを失います。

　ところが、自分の取得した独自ドメインと、集めたメールアドレス（メールマガジンの配信先リスト。顧客台帳とも言える存在）は、自らの意思や過失で捨てない限り、なくなることはありません。しっかりと資産とし

Chapter 01
Chapter 02
Chapter 03
Chapter 04
Chapter 05
Chapter 06

て積み重ねることができます。これは大変重要なことです。

　また、メールマガジンはプッシュ型のツール（アウトバウンド）であり、SNSのような受け身のツール（インバウンド）とは異なり、こちらの意思で読者に情報を届けることができます。ウェブ上では数少ないアウトバウンドツールです。1to1のツールとしても希少な存在であり、しっかりと読者との信頼関係を構築しておけば、インバウンドツールとは比べものにならない成約率を叩き出します。

- 資産として積み上げられる
- 1to1で高い成約率を生み出す希少なアウトバウンドツール

　この2つの理由から、メールマガジンは必須のツールであることがご理解いただけたかと思います。一時期は到達率の問題や、開封されにくいこと、新しいツールの出現などから、メールマガジンが軽視されることもありましたが、ここ最近はマーケティングオートメーション（マーケティングを自動化、効率化し、その効果測定までを行えるソフトウェアのこと）に組み込まれるなどして、その効果が再注目されています。Amazonや、Appleといった、時代の先を行く世界的企業も、いまだメールマガジンを手放すことはありません。そのような面からも、いかにメールマガジンが優れたツールであるかがわかると思います。

→ 配信数は少なくていい

　メールマガジンの配信は、量より質を重視しましょう。メールマガジンはSNSと異なり、1to1のコミュニケーションとなることから拡散性はありません。ゆえにコンテンツの量を増やせば読者が増えるというものではなく、むしろ配信するごとに減っていくのが普通です。ことメールマガジンにおいては、量より質の意識を高めておきましょう。質の高いメールマガジンを定期的に配信していると、読者との信頼関係が高まり、いざセールスに活用した際に高い成約率を叩き出してくれます。

　低品質なコンテンツで量を追うことだけは避けましょう。ステップメールを活用して質の高いメールを繰り返し送り、段階的に信頼を積み上げる

Chapter 01
Chapter 02
Chapter 03
Chapter 04
Chapter 05
Chapter 06

手法はさらに効果的です。ぜひブログからステップメールの登録へつながる導線の構築を行いましょう。

→ 繁忙期に集め、閑散期に使う

あらゆる業種において、繁忙期と閑散期があると思います。特に飲食店などはその影響が大きいでしょう。店舗型ビジネスが立ち行かなくなる理由のほとんどが、この繁忙期と閑散期の売上差によるものです。繁忙期は売上も高く大変忙しいため、雇用や設備投資が必要になります。しかし閑散期はその雇用や設備の維持に耐えるほどの売上が発生せず、コスト倒れしてお店が潰れてしまうわけです。

この売上差を是正してバランスがとれれば、お店を潰さずに済むわけです。メールマガジンを戦略的に活用することでこの売上差をならし、雇用や設備投資を通年適正なコストに抑えることができます。

この戦略は決して難しいものではありません。繁忙期にメールマガジンリストを集め、閑散期に使うというだけの単純なものです。下記の図をご覧ください。

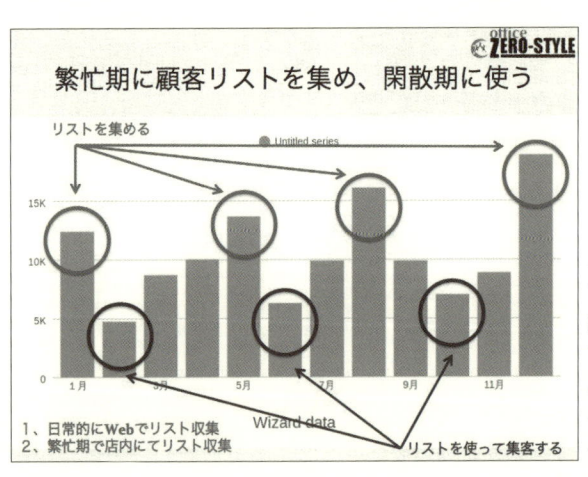

メールマガジンは無駄打ちし過ぎると、読者の解約が増えたり、開封率が下がってしまったりすることも。適切なタイミングで活用していきましょう

飲食店などのサービス業の多くは、1月（正月、冬休み、成人式、新年会）、5月（ゴールデンウィーク）、8月（夏休み、旧盆）、12月（クリスマス、忘年会）などは繁忙期となります。この時期は顧客を最も呼び込みや

すく売上も高いため、販促費を多めに使っても資金ショートする可能性は低いです。この時期にメールマガジンのリストを収集します。例えば「メールマガジン登録でドリンク一杯無料!」、「メールマガジン登録で○%割引券進呈」などのキャンペーンを実施します。顧客の母数が多い時期なのでリストの数を集めるには最適で、多数の応募を獲得できるでしょう。

そして、この時期に獲得したメールマガジンリストを、閑散期の苦しい時に活用します。来店を促すようなメールを届けましょう。そうすることで閑散期の集客が可能になり、売上差の是正が可能になります。メールマガジンは決して無駄撃ちしないことです。繁忙期はさらに売上を積み上げたいという気持ちを抑えて控えめの使用にし、閑散期に目一杯活用していきましょう。

今回は店頭でのメールマガジンリストの収集についてお伝えいたしましたが、ウェブ上では24時間365日、収集が可能です。ブログからメルマガ登録への導線をしっかり構築していきましょう。メルマガリストの質と数は、ビジネスに安定性をもたらします。

→ メールマガジンの配信スタンドを用意する

メールマガジンの配信スタンドは、さまざまな会社が提供しています。各社共に備わっている機能や、料金は異なっており、自分に合った配信スタンドを探し、契約する必要があります。その際、注意しておきたい点がいくつかあります。

- 到達率が高いこと
- クリック分析ができること
- ステップメールの配信機能があること

このあたりはおさえておきたいポイントになります。

上記のポイントをふまえ、私は「オレンジメール」を利用しています。オレンジメールは株式会社オレンジスピリッツが提供しているメールマガジン配信サービスです。

Chapter
01

Chapter
02

Chapter
03

Chapter
04

Chapter
05

Chapter
06

オレンジメール
https://mail.orange-cloud7.net/
シンプルなユーザーインターフェースで使いやすく、初心者にも向いたメール配信サービスと言えるでしょう

　オレンジメールの特徴は、高速配信かつ高いメール到達率があり、初心者でも簡単シンプルで使いやすいユーザーインターフェースとなっています。また、優秀なクリック解析機能を持ち、メールフォーム（オレンジフォーム）の連携やステップメールなども標準装備されています。無料体験期間があるため、気軽にテストすることも可能です。

代表的なSNSの活用

→ どのSNSを活用していくべきか？

　SNSと言っても、そのサービスは星の数ほど存在します。私たちは商品の販売や販促、集客などに寄与するビジネスブログの運用が目的のため、ある程度の規模を持ったSNSを活用していくとよいでしょう。

　本項ではFacebook、Twitter、Instagram、YouTubeといった世界規模かつ日本でも高い人気を得ており、ビジネス活用の効果も高い4つのSNS、およびメールマガジンの活用について解説いたします。

　必ずしもすべてのサービスを利用しなくてはならないというわけではありません。あなたの運営するブログに必要なもの、あなた自身が活用しやすいものを選択し、ブログ運営に役立てていきましょう。

→ Facebookの特徴

　Facebookは世界最大のSNSです。ハーバード大学の学生だったマーク・ザッカーバーグ氏が2004年にサービスを開始し、瞬く間に世界規模のSNSへと成長しました。世界一のユーザー数を誇り、多機能で使いやすいユーザーインターフェースは、ユーザー間のコミュニケーションのみならず、ビジネスにおいても活用しやすい強力なSNSと言えるでしょう。日本国内では、働き盛りの30代、40代のアクティブユーザーが多く、ビジネスとの相性は抜群です。

- 国内の月間アクティブユーザー数：2,800万人
- 世界の月間アクティブユーザー数：22億3000万人

※2018年11月現在、各社の発表から確認できている数値となります。

Chapter 01
Chapter 02
Chapter 03
Chapter 04

Chapter
05

Chapter 06

専門家ブログでさらにビジネスを加速させる

Chapter
01

Chapter
02

Chapter
03

Chapter
04

Chapter
05

Chapter
06

専門家ブログでさらにビジネスを加速させる

▶ Facebookアカウントはひとりひとつ

Facebookには、個人アカウントとFacebookページの2種類があります。この2つはそれぞれ特性が違い、上手に使い分けていく必要があります。まず、Facebookをこれから始めたいと思ったユーザーが、www.Facebook.com/r.phpにアクセスし、自分の名前、メールアドレス、携帯電話番号、パスワード、誕生日、性別などを入力して、最初に生成されるのが個人アカウントです。個人アカウントを生成することができるのは、1人につき1アカウントのみで、複数のアカウントを一人で管理することを規約で禁じています。

▶ 個人アカウントを活用して、顧客との関係性を深める

Facebookの個人アカウントは原則、実名制での運用となります。ですので、企業名や屋号などで運用することはできません。また、個人アカウントを使ってあなたのビジネス、ブランド、製品などを宣伝告知することはできません。あくまでも個人アカウントは、プライベートなコミュニケーションとして活用しましょう。

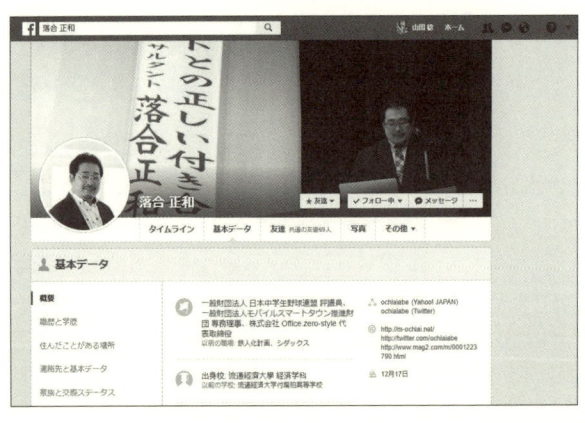

Facebook個人アカウントのプロフィールページ
https://www.facebook.com/m.ochiai/about

ただし、顧客や見込み客に対し、宣伝告知などをするのではなく、あなたの日常的な投稿を見てもらうことで関係性を深めたり、人柄を伝えたりするのは何の問題もありません。実際に私も、多くのお客さまや仕事の関係者と個人アカウントでつながり関係性を深めています。

Facebookの個人アカウントは最もザイオンス効果を発揮しやすい場の

ひとつでしょう。多くの人が自らの顔写真をプロフィールに設定する文化が定着しているほか、実名性となっているので誰のアカウントかわからなくなることもありません。一方的にフォローする機能もありますが、相互に承認が必要な「友達」というつながりでお互いのアカウントを結び、投稿の閲覧や「いいね！」、「コメント」、「シェア」というアクションのやりとりにより距離の近い関係になりやすい環境と言えるでしょう。

「友達」でつながった顔写真付きの実名アカウントで投稿を繰り返しているのを見ていると、毎日会っているような錯覚を起こします。そのため、名刺交換しかしていない人、何年も顔を合わせていない人であっても、あまり距離感なく接することができてしまいます。そのような面から、Facebookの個人アカウントというのは、人と人を疎遠にしないツールとして大きな効果を発揮します。

私自身、何年も前にパーティーで一度会っただけの方から仕事を受注したり、インターネット上で知り合い、一度もお会いしたことのない方から仕事をご紹介されたりと、通常ではなかなか考えられないような出来事がFacebookを通じて起きています。その後にお二人と会った時は、古くからの友人のようにように感じました。仕事仲間や顧客、見込み客はもちろんのこと、家族や親戚、友人との関係性を育むのにピッタリのツールです。

さらに、個人アカウントで活用できる機能のひとつに「グループ」というものがあります。「グループ」は、同じ趣味や関心を持つ人たちとコミュニケーションをとれる場であり、通常の「友達」間よりもさらにクローズドな場所で交流を図ることができるので、より密接なコミュニケーションを楽しむことができます。非公開（非公開グループ）にすることや、完全に密室（秘密のグループ）にすることも可能なため、外部を気にすることなく投稿やコメントのやりとりができて、より深い関係性を構築するのに役立つでしょう。オンラインサロンの会員交流の場としてもよく利用されています。

このような使い方ができるのも、他のSNSにはない、Facebookならではのメリットと言えるでしょう。人と人との関係性を疎遠にしないツールとしても大変優れています。SNSなどの普及により、人と人との関係が希薄になっていると言う人も多いですが、Facebookに関してはまったく当てはまらないように感じます。

専門家ブログでさらにビジネスを加速させる

同じ興味、関心を持った
ユーザーで交流が図れる
Facebookグループ

▶ FacebookページはFacebook広告を活用する

　一方のFacebookページは、企業名や屋号などで運用することも可能で、複数のページの運用も認められています。デザインや機能においてもビジネス向けに作られており、ページインサイトという機能を使い、アクセス、利用者の動向、年齢や性別、地域などのデータを解析することも可能です。また、会社組織などでも運用できるように、複数人でFacebookページを管理することも可能になっています。いわゆるビジネスアカウントと考えればよいでしょう。

Facebookページ Facebook
広告を運用するには、Fac
ebookページの立ち上げ
が必須となる
https://www.facebook.com
/ozs.ochiai/

Facebookページには「友達」という機能はなく、「いいね」をすることでそのページの「ファン」となる、一方的なフォローの関係で他のユーザーとつながります。相互承認のないオープンな関係でつながるため、顧客との関係性を深めるには個人アカウントに比べて難易度は高いと言えます。ユーザーからのビジネスアカウントとしての認識があることも、距離感を作りやすい要因にもなります。これは、前述したSNSにおける企業アカウントの運用の難しさに通じるものです。

しかしながら、Facebookページには強力な武器が存在します。それは、Facebook広告です。

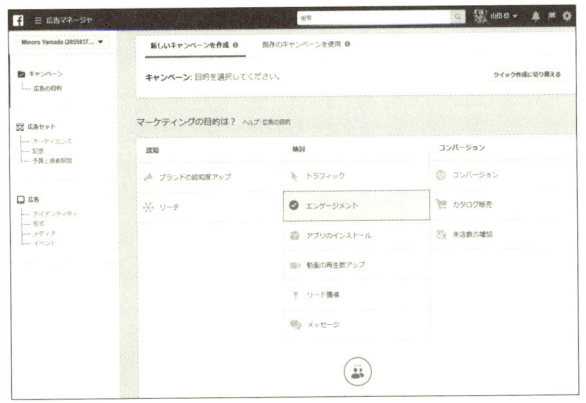

Facebook広告は簡単に出稿できる。フィード内に限らず、サイドバーにも出稿することが可能

Facebook広告の特徴は、何と言ってもそのターゲッティングの精度の高さでしょう。広告を出稿したいユーザーの詳細な絞り込みが可能で、広告主の求めるユーザー層に無駄なく配信することができます。あなたのユーザーの設定に合わせて広告を展開できる上、1日100円から出稿できるため、小規模事業者や個人事業主でも気軽に利用できるでしょう。

ターゲットは、地域、性別、年代、趣味・嗜好など、細かな条件設定ができる仕組みを持っています。例えば「東京都渋谷区のエリアで、30〜45歳の、日本語を使う、野球に興味関心のある人」といった設定も可能です。同社が管理するInstagram広告と連動することもできます。

Chapter
01

Chapter
02

Chapter
03

Chapter
04

Chapter
05

Chapter
06

専門家ブログでさらにビジネスを加速させる

Facebook広告の設定ページ。かなり詳細な条件設定が可能

　FacebookとInstagramの双方の膨大な数のユーザーにアプローチが可能で、非常にメリットの高い広告媒体と言えるでしょう。Facebookページを立ち上げた際は、ぜひ使っていきたいものです。

▶ 個人アカウントとFacebookページ

個人アカウントの特徴

- 実名制であり個人名による登録のみ可能
- 複数アカウントの利用は規約で禁じられている
- 友達は5,000人の制限（フォローは無制限）
- Facebookにログインしている人のみ閲覧可能
- Facebookグループでより密接なコミュニケーションがとれる

Facebookページの特徴

- 企業や屋号、商品などの名称で登録が可能
- 複数ページの運用が可能。1つのページを複数人で管理できる
- 「いいね！」をすることで「ファン」となる。ファンの数は無制限
- Facebookにログインしていない人でも閲覧可能
- ページインサイトでさまざまな解析が可能
- Facebook広告が利用可能となる

→ Twitterの特徴

　Twitterは、米国発祥の短文投稿型ウェブサービスです。「ツイート」と呼ばれる半角280文字（日本語・中国語・韓国語は全角140文字）制限によるメッセージの投稿が可能で、画像、動画、URLを投稿することもできます。日本国内では大変な人気を誇り、2015年にジャック・ドーシーCEOは「サービス開始から約10年、日本のユーザーがTwitterの成長をけん引してきた」というコメントも出しています。国内では20〜40代の利用が多く、いまだその人気は陰りを見せません。このアクティブで膨大なユーザー数は、ビジネス活用においても大変強力なツールとなるでしょう。

- 国内の月間アクティブユーザー数：4,500万人
- 世界の月間アクティブユーザー数：3億3,500万人

※2018年11月現在、各社の発表から確認できている数値となります。

▶ Twitterを活用する

　半角280文字（日本語は140文字）という文字数制限があるため、非常にスピード感ある投稿が行われています。匿名性も高く、相互承認の必要ないフォローだけのつながりによりコミュニケーションの敷居が低く、ある意味遠慮のないやりとりも多いです。そのため、ユーザーが面白いと思った投稿、共感される投稿、感情を揺さぶる投稿などは瞬く間に拡散され、フォロワーが少ないユーザーでも投稿のインプレッション（表示回数）が爆発的に伸びるケースも多々見られます。

　良い形で拡散されればとても大きな影響力を持ちますが、ネガティブに拡散されると（これが炎上）誹謗中傷を含め、総叩きに合う可能性もあります。Twitterは日本で一番拡散性の高いツールと言えるでしょう。そうした面からもTwitterは諸刃の剣でもあり、リスク管理は大変重要です。一方で、遠慮がない上に一方的にフォローできる環境のため、見知らぬ人ともつながりやすい側面もあります。

専門家ブログでさらにビジネスを加速させる

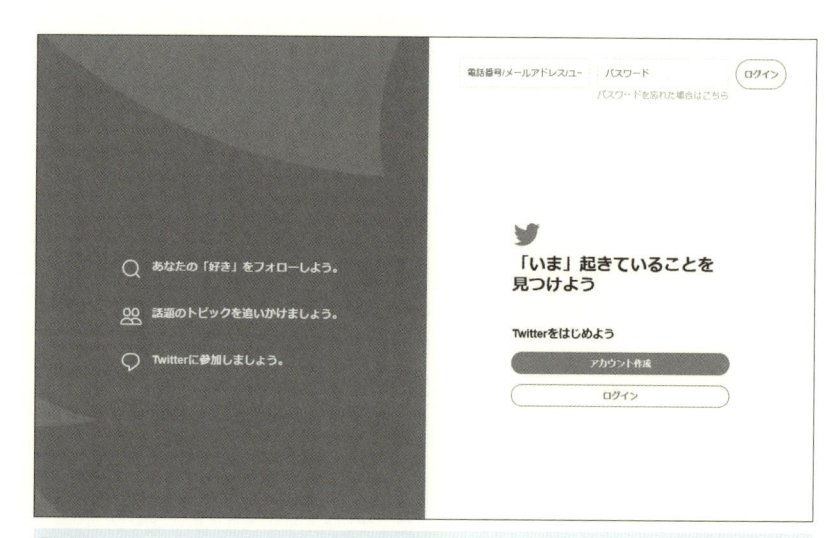

Twitter
https://twitter.com/

強い拡散性を持つTwitterは諸刃の剣。炎上にも注意

　また、文字数制限の影響から複数投稿を行うユーザーも多く、日に何度も投稿しても、さほど嫌われることはありません。この文化はトライ＆エラーを試しやすい環境でもあります。独自の文化や空気感があるため、それに合わせて投稿していくのが効果的です。慣れないうちは多くの投稿をチェックして自らも多数投稿を行い、どのような投稿がTwitter上で効果を発揮するのか繰り返しテストしてみましょう。Twitterの活用については、あなたが設定したユーザーに合わせてジャンルを絞り、役立つ投稿を繰り返していくと次第にフォロワーも増え、ブログへのアクセスも増えていきます。

　まずは発信を繰り返し、ユーザーの反応しやすい投稿を探っていきましょう。フォロワー数を増やすには何度もPDCAを回していく必要があります。一朝一夕にはいかないので 、長期計画でフォロワーを増やす努力が必要になります。ある程度、投稿から反応が得られるようになってきたら、ブログの更新情報なども投稿していきましょう。ただし記事タイトルとURLだけの機械的な投稿ではアクセスを誘導できません。記事の中の役に立つ一文を抜き出してつけ加えたり、さらに役立つ情報を加えるなどして、URLをクリックしてもらえる工夫をしていきましょう。

▶ Twitterアナリティクスを活用する

　Twitterをビジネス活用していく上で大変便利なツールが「Twitterアナリティクス」です。Twitterはフォロワーやその他のユーザーの反応を見ながら繰り返し投稿し、自分のコンテンツを磨いていく必要があります。この「Twitterアナリティクス」は、自分の投稿の表示回数や拡散力、影響力など、ユーザーの反応状況を解析できるTwitter公式のツールです。もちろんTwitterのアカウントを開設していれば、誰でも無料で利用することができます。

　Twitterアナリティクスでは、ツイートを分析してフォロワーのデータを詳しく知ることができます。データをエクスポートすることもできるので、企業や組織でも大変便利に活用することができます。

- インプレッション数…ユーザーが投稿を見た回数
- エンゲージメント数…ユーザーが反応した回数
- エンゲージメント率…インプレッション数をエンゲージメント数で割った値

　このような数字を中心にさまざまな解析が可能です。ユーザーインターフェースもシンプルで、とても使いやすいものになっています。ぜひ活用していきましょう。

→ Instagramの特徴

　Instagramは、2010年からサービスを開始した写真共有アプリケーションです。2012年に社員13人、売上高ゼロという状況でありながらFacebookに買収され、大変話題になりました。買収後も凄まじい勢いでユーザー数を伸ばし、現在では10億人を超えるアクティブユーザーを擁する巨大SNSに成長を遂げています。国内では20代を中心とした若者世代の利用が多く、「インスタ映え」という流行語を生むほどの大人気アプリとなっています。多数のフォロワーを抱え、強い影響力を持つユーザーはインスタグラマーと呼ばれ、その宣伝効果の大きさからスポンサーがつくなど、他のSNSとは違ったインフルエンサーの活躍の形が存在します。

Chapter 01
Chapter 02
Chapter 03
Chapter 04
Chapter 05
Chapter 06

　Instagramの投稿は、主に写真を共有することが目的となり、FacebookやTwitterなどとも違った文化を生み出しています。複数の写真加工用のフィルターが用意されており、誰でも簡単に写真を加工することができることから、美しく魅力的な写真が次々と投稿され、その人気の要因となっています。

- 国内の月間アクティブユーザー数：2,800万人
- 世界の月間アクティブユーザー数：10億人

※2018年11月現在、各社の発表から確認できている数値となります。

▶ Instagramを活用する

　Instagramと他のSNSとの違いは、何と言っても写真共有を中心としているというところです。もちろんFacebookやTwitterでも写真を投稿することはできますが、あくまでも写真はテキストを補完するものです。対してInstagramは、写真を補完するためにテキストが存在します。現在は「タイプ」というテキストを投稿する機能も追加されましたが、利用する人はわずかで、いまだ写真の共有がメインとなっています。Twitterなどと比べると、比較的拡散や炎上が少なく、シェア機能の利用頻度も他のSNSに比べて低い傾向があります。情報の拡散を目的に使うには少し難易度が高いと言えるでしょう。

Instagram
https://www.instagram.com/

飲食店やアパレル企業など、商品を写真で表現することが可能な業種では大変親和性が高い反面、写真を活用した独自の表現が難しい商品を扱う士業の方などは、宣伝や告知の役割での活用が難しいという側面があります。士業の方は個人のブランド構築などに活かすほうが、Instagramの特性を活かせるのではないでしょうか。

Instagramのビジネス活用のポイントは、以下の2つにあると私は考えています。

1. ライフスタイルの提案
2. 憧れを消費に変える

魅力的な写真の投稿により、その投稿から見てとれるライフスタイルを購買意欲に変化させたり、写真の影響から生まれる憧れを消費に変えたりしていくものです。

アパレルや飲食店であれば、「あんな素敵な服を着てみたい！」、「あんな美味しそうなものを食べてみたい！」と直接的にライフスタイルを提案することや、「あんな素敵な商品を、私も写真におさめたい！」といった欲求が消費を促します。また、魅力的なインスタグラマーの投稿を見ることで、「私もあんな生活してみたい！」、「私もあんな魅力的な人になりたい！」という欲求が、購買意欲をかき立てます。

そのような魅力的な写真を投稿できるかどうかが、Instagram活用の重要なポイントになっていきます。つまり、写真がすべてであり、写真に魅力がなければ、いくら素晴らしいテキストライティングができたとしても効果は発揮されません。これは投稿する写真のみならず、プロフィール写真でも配慮する必要があります。撮影をする際は、ライティングや背景などにも気を遣う必要があります。

例えば食べ物を撮影する際は、その食べ物の特徴的な部分を接写し、立ち昇る湯気やチーズの伸びる様子、鮮度の良さがわかる色合いなどを表現することで、シズル感を演出するとよいでしょう。ランチョンマットを敷いたり自然光を使ったりすることで、より臨場感も増します。

そのようにある程度の撮影技術を身につけながらも、Instagramの文化

Chapter

01

Chapter

02

Chapter

03

Chapter

04

Chapter

05

Chapter

06

専門家ブログでさらにビジネスを加速させる

に沿った投稿テクニックを探ることも要求されます。

　Twitterと同様、ジャンルを絞り、あなたが設定したユーザーが共感できるような投稿を繰り返し行うことで、フォロワーは増えていきます。

　また、Instagramはハッシュタグ文化が浸透しています。ユーザーはInstagram上で情報を探す際に、ハッシュタグを利用しています。ハッシュタグはFacebookやTwitterでも利用されていますが、Instagramはそれ以上に活発に利用されており、ハッシュタグの使い方1つで、投稿のインプレッションは大きく変わってきます。ファッションの参考にしたり、飲食店のお店選びなどの情報収集に使うユーザーも多いため、自分の業種や投稿に合ったハッシュタグのつけ方も、PDCAサイクルを回しながら探っていきましょう。

　ハッシュタグとは、「#(ハッシュマーク)」を入れたキーワードのことで、SNSの投稿上では投稿に対する"タグ"として利用されています。「#(ハッシュマーク)」の後にキーワードを置くことで、投稿にタグがつき、検索を容易にする効果があります。これにより同じ趣味・関心を持つユーザー同士で話題を共有したり、特定のタグのついた投稿だけを絞り込んで検索したりすることができるようになります。

　ここ最近では、このハッシュタグを活用したキャンペーンも多く見かけます。特定のハッシュタグを指定し、ユーザーの投稿に添付してもらうユーザー参加型のキャンペーンです。投稿にハッシュタグをつけるだけで成立するため、比較的コストをかけずに実施することができます。

　特定商品の写真にハッシュタグをつけた投稿を条件にして募集し、優秀な写真を投稿したユーザーに対してプレゼントを行うなどのキャンペーンが多いほか、条件にフォローやシェア（リポスト・リグラム）を求めるケースもあります。Instagram広告などのウェブ広告を活用することで、より多くの参加者を募りやすくなります。良い企画アイデアがあれば、ぜひチャレンジしてみましょう。

→ YouTubeの特徴

　YouTubeは2005年にサービスが開始された世界最大の動画共有サービスです。ユーザーが投稿した動画を誰でも無料で閲覧できることから大人気のサービスになりました。2006年にGoogleに買収され、さらにユーザー数を伸ばし、現在では既存の放送メディアから公式の動画を提供されたりもしています。ここ最近は企業のプロモーションに使われることも増えてきました。動画を見るだけであればログインする必要もなく、誰でも気軽に閲覧することができます。ユーザーからは、動画から情報を得るための検索エンジンとしても利用されており、Googleに次ぐ第2、第3の検索エンジンとも言われています。現在も、爆発的にユーザー数も利用時間も増加を続けています。

　今後、移動通信システムが第5世代に移り変わると、その特徴である「高速大量」、「低遅延」、「低コスト・省電力」、「多接続」などは、さらにYouTubeを後押ししていくことでしょう。現在においても世界最大の動画共有サービスですが、この先さらに成長を遂げていくポテンシャルを有したサービスと言えます。当然、国内でも大人気で、多くのファンを抱えて影響力を持ったYouTube配信者はYouTuberと呼ばれ、大きなムーブメントを起こしています。

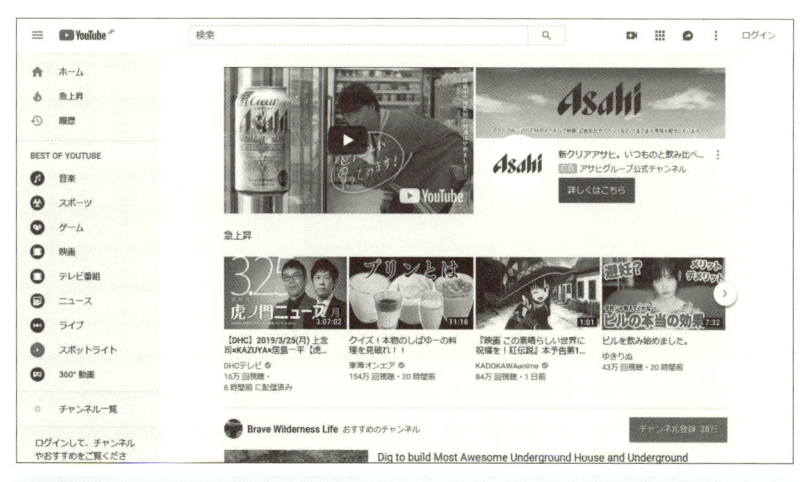

YouTube
https://www.youtube.com/

Chapter 01

Chapter 02

Chapter 03

Chapter 04

Chapter 05

Chapter 06

▶ YouTubeを活用する

　YouTubeを活用する理由は、何と言っても動画という強力なコンテンツを活用できることでしょう。スマートフォンやタブレットなどのモバイルデバイスが普及して通信環境の整備も進んだことで、ユーザーが動画に触れる機会は加速度的に増えていきました。ユーザーには時間や場所を問わず動画を見られる環境が整っており、動画マーケティングはすでに必須要件となりつつあります。

　動画コンテンツはテキストコンテンツ以上に、情報をわかりやすく短時間で伝えることができるほか、視覚や聴覚に直接的に訴えることができるため、印象的で記憶にも定着しやすい情報を提供することができます。また、ユーザー間のコミュニケーションにおいても、顔や声、動きを確認することでテキスト以上に親近感を抱き、関係性を深めることができるでしょう。

　YouTubeをただ無料で動画配信ができるプラットフォームと考えてしまうのは、あまりにももったいないことです。世界最大の動画配信プラットフォームであり、検索アクセスをも見込めるYouTubeは、使い方によっては絶大な効果を発揮してくれることでしょう。

　YouTubeはストック型のメディアであり、ブログ記事と同様に、コンテンツを蓄積するごとにメディアの力が増し、読者からの信頼性も増していきます。人気YouTuberの多くが頻繁に動画を投稿し、コンテンツ量を増やすことで認知の拡大やチャンネル登録者数の拡大に努めています。

　YouTuberの活躍は、さまざまなメディアでご覧になられていることでしょう。人によっては、一見あまり苦労なく動画制作を行い、多大な利益を得ているようにも見えるかもしれません。ところが、実際は撮影や編集、投稿までに数時間かけており、その実態は会社員の拘束時間とそれほど変わりません。ビジネス活用においても同様で、コンテンツ制作そのものが一番のハードルになります。

　動画マーケティングをスタートさせるには、まず、撮影、編集、配信といった動画制作のスキルが求められます。それも、競合の多いYouTubeの世界では、高いクオリティを持ったコンテンツでなければ、現在の目の肥えたユーザーたちの興味を引くことはできません。また、コンテンツ制作を外注してしまうと多大なコストがかかるのは当然のこと、内製に比べ

工数もかかり、内容のコントロールも容易ではないので、コンテンツの量産が難しくなります。これではストック型メディアのメリットを活かせません。このハードルを超えられるかどうかがYouTube活用の一番のポイントとなってきますが、一般的な企業にはなかなか動画制作スキルを持つ人材はいません。また、大きなコストや時間をかける余裕などもないでしょう。個人で配信しようと考えているのであれば、なおさらです。

　しかし、動画制作時間を大幅に短縮し、動画制作スキルもさほど必要なく、コストをかけずにコンテンツを量産する方法がひとつあります。それは、YouTube liveを活用することです。YouTube liveとはYouTube内でライブ配信を行える機能で、収録された動画と異なり、生ならではの臨場感をユーザーに伝えることができます。このYouTube Liveを活用することにより、動画配信のハードルを下げることができるのです。

　まず、YouTube Liveは、ライブ配信であるがゆえに、編集作業の必要がありません。動画制作に要する作業の中で、最も時間をとられる編集作業をカットできるのは大きなメリットです。また、ライブ配信動画であっても、1つのコンテンツとしてアーカイブを残しておくことが可能です。

　つまり、YouTubeというプラットフォーム内では、ライブ配信のアーカイブも編集されたコンテンツと同様に扱われ、しっかりと検索対象として残っていきます。ユーザーが後日動画を見る際も、ライブ配信のアーカイブであれば高いクオリティを期待せず見てくれる為、収録された動画との差もさほど生まれません。

　また、ライブ配信中はチャットによる交流も可能になります。リアルタイムでのユーザーとのやりとりは、より配信者との関係性を深めてくれます。これはライブ配信ならではの恩恵です。もちろん制作スキル、時間、コストにハードルを感じないということであれば、収録による配信をしても問題ありません。自分の環境に合わせた配信スタイルで、ストックメディアの特性を活かした動画コンテンツの制作を行っていきましょう。

　収録であっても、ライブ配信であっても、共通で意識したいのは、自分の配信するチャンネルのコンセプトを明確にしておくことです。一般的なYouTuberのように、Google AdSenseでの収益をメインとするのであれば、トレンドを追いジャンルにこだわらない配信を行うのも1つの手段ですが、ビジネス活用においてはユーザーに合わせたコンセプトやコンテン

専門家ブログでさらにビジネスを加速させる

Chapter
01

Chapter
02

Chapter
03

Chapter
04

Chapter
05

Chapter
06

ツを用意する必要があります。

　また、チャンネル名やコンテンツタイトルは、SEOを意識し、必要なキーワードを入れるようにしましょう。SEOに関する考え方は、基本的にはブログ運営と同じです。ただし、Googleは動画の中身を完全に理解することはできません。そのため、チャンネル名やコンテンツタイトル、動画の説明、タグなどのテキスト情報の中に適切なキーワードを入れていく必要があります。高評価、チャンネル登録、コメントの数、総再生時間なども検索順位に影響を与えます。自らが設定したユーザーが、どうすれば高い評価を持って長時間閲覧してくれるのかを考え、動画の制作やテキスト情報の入力をしていきましょう。

　アノテーション（YouTubeの動画上に表示させるテキスト、またはリンク）や、動画の説明欄を使ってリンクを設置し、ブログへのアクセスを誘導することも可能です。自分のメディア群の中をより頻度高く回遊してもらうことでザイオンス効果が働き、より収益力は高まっていきます。こちらも積極的に活用していきましょう。

専門家ブログの
アクセスを
解析する

Chapter 01
Chapter 02
Chapter 03
Chapter 04
Chapter 05
Chapter 06

アクセス解析の重要性

→ ウェブサイトの解析は健康診断と同じ

　ここでは、Google Analytics、Google Search Consoleの導入手順から使い方までわかりやすく解説いたします。

　Google AnalyticsとGoogle Search Consoleは無料で使える上に大変高い機能を備えており、ブログ運営には必須のツールとなっています。この2つのツールを使うことで自分のブログを解析し、望む通りのパフォーマンスが発揮できているかどうかをチェックすることができます。Google Analyticsでは、アクセス数のみならず、どのようなチャネル（経路）から来ているのか、滞在時間はどのぐらいなのか、といった解析結果が得られます。Google Search Consoleでは、Googleの検索エンジンで表示された回数やクリック数、ウェブサイトに発生した問題なども確認することができます。

　一見難しそうにも見えますが、ポイントを押さえておけば、誰にでも使いこなせるツールです。こうしたウェブサイトの解析は、人間で言えば健康診断のようなものです。体調を管理し、病気や怪我があれば治療計画を立てるのと同じように、現在のウェブサイトの状況をしっかりと把握し、問題があればどのように改善していくか計画を立てなくてはなりません。

　そのための判断基準を示してくれるのが、Google AnalyticsやGoogle Search Consoleといったツールになるのです。ただし、 Google AnalyticsやGoogleSearch Consoleを利用するには、Googleアカウントが必要となります。すでにGmailのアカウントや他のGoogleのサービスを利用しているのであれば、そのアカウントで問題ありません。新規でGoogleアカウントを作成する場合は、以下のアドレスから作成してください。

Google Analytics
https://marketingplatform.google.com/about/analytics/

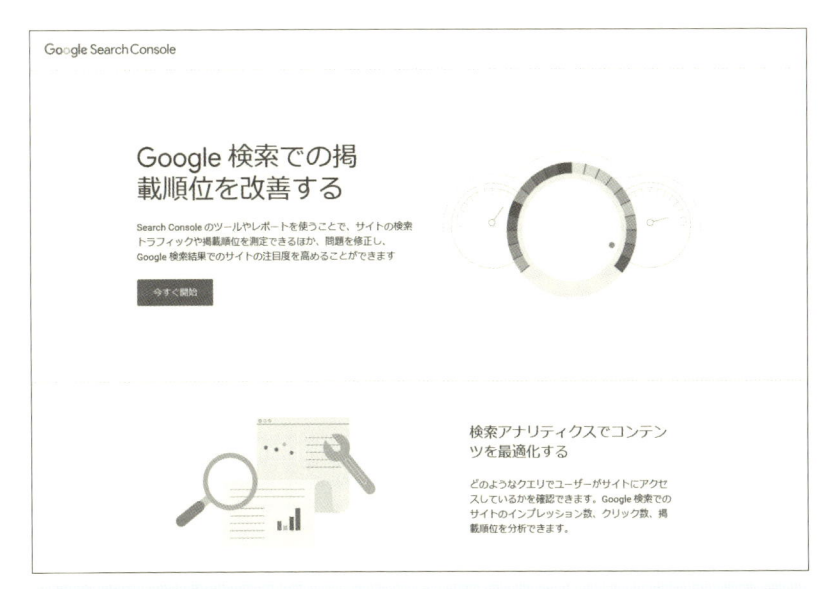

Google Search Console
https://search.google.com/search-console/about?hl=ja

Chapter 01
Chapter 02
Chapter 03
Chapter 04
Chapter 05
Chapter 06

Google Analytics

→ Google Analyticsの導入

Googleが提供するアクセス解析ツールです。Google Analyticsによって、ウェブサイトに訪問したユーザーの行動を数値やグラフで視覚的に確認することができます。つまり、Google Analyticsのデータを参考にサイトを分析することで、あなたのサイトの良い点・悪い点が見えてきます。そこからサイトのコンテンツを最適化してパフォーマンスを改善することが可能となるのです。

それでは導入手順について細かく解説していきます。

▶ トラッキングコードを設置

登録が完了するとトラッキングIDが発行され、トラッキングコードが表示されますのでコピーします。四角の枠の中の文字列（<!-- Global site tag (gtag.js) - Google Analytics -->から</script>まで）をすべてコピーします。コピーしたトラッキングコードは、あなたのサイトのトップページのHTMLコードに貼り付けます（<head>タグの直後に貼り付けましょう）。

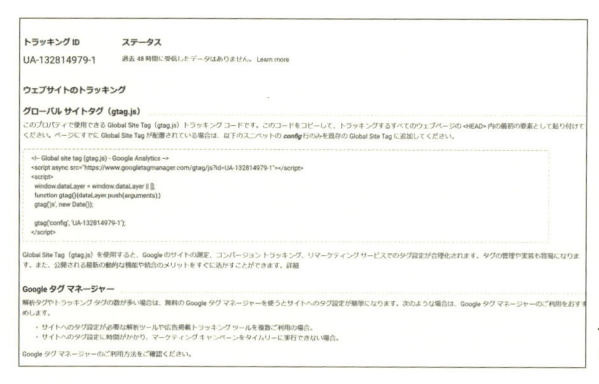

<head>タグの直後に貼り付ける

※ WordPressを使用している場合は以下の手順で行います。

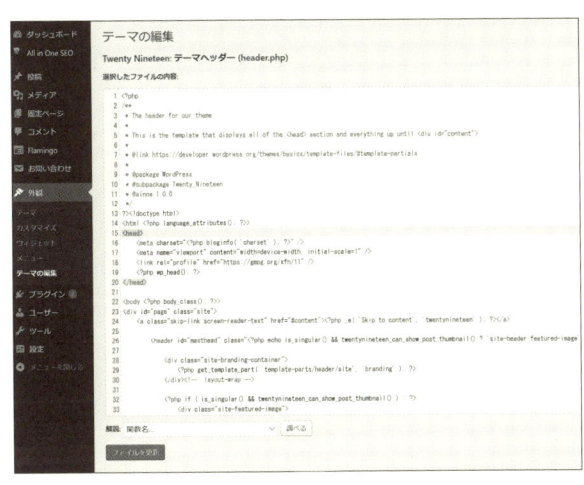

❶WordPressのメニューから「外観」→「テーマの編集」をクリック
❷画面の右側にある「テーマヘッダー」をクリック
❸コードの中から<head>タグを探し出し、<head> 〜 </head>に挟まれた部分に先程コピーした「HTMLコード」を貼り付けます

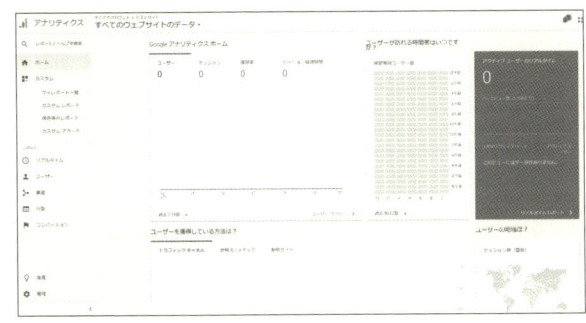

以上で導入作業は完了。レポートにデータが表示されるようになるまで24時間ほどかかる場合がある

　以上で、導入完了です。レポートにデータが表示されるようになるまで、24時間ほどかかる場合があります。

　Google Analyticsから、あなたのサイトが「どれだけ見られているか」、アクセスした「ユーザーの行動」に関するデータを知ることができます。さらにデータを分析することで、あなたのサイトの良い所・悪い所が見えてきます。

Chapter 01
Chapter 02
Chapter 03
Chapter 04
Chapter 05
Chapter 06

専門家ブログのアクセスを解析する

→ Google Analyticsの見方と使い方

「Google Analytics」とは、Googleが提供する基本無料のアクセス解析ツールです。Google Analyticsを利用することで、「ユーザーに人気のあるページがどれか」とか、「ユーザーはどこからやってきたのか」とか、「1日にどれだけのアクセスがあったのか」など、細かく知ることができます。

Google Analyticsでは、解析データを「ユーザー」「集客」「行動」「コンバージョン」の4つのレポートに分類しています。設定や機能が多く一見複雑そうに見えますが、実はチェックすべきポイントはそれらたったの4項目なのです。

それでは、各レポートの基本的な見方について解説していきます。

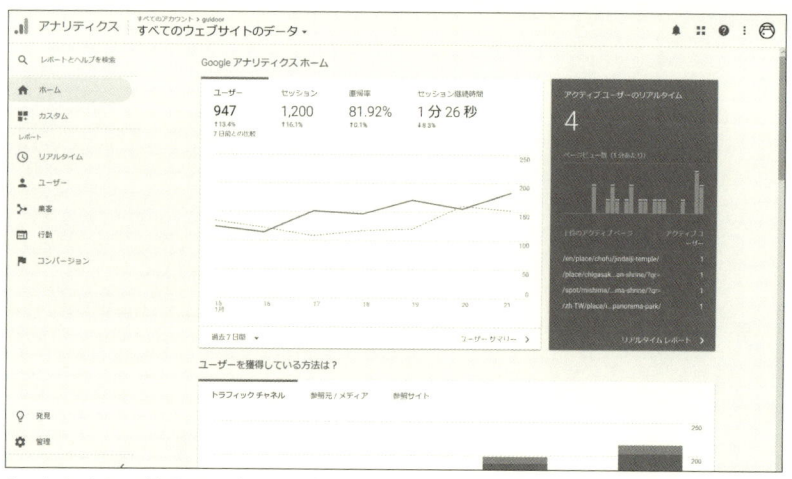

Google Analyticsの管理画面。慣れないうちは複雑に見えるが、見るべきポイントをおさえておけば、それほど難しいものではない

→ 「ユーザー」レポート

「ユーザー」レポートでは、あなたのサイトを訪問したユーザーに関わる、幅広い情報を見ることができます。アクセス解析においては、まず、あなたのサイトに「どんなユーザーが」「どれだけ訪問したか」を確認することが重要です。「概要」をクリックしてみましょう。

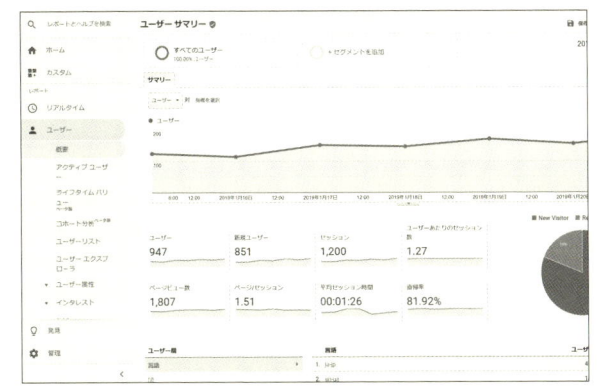

ユーザー レポートでは、ユーザーの性質を詳しく分析することが可能。サイトを訪れた数だけでなく、滞在時間などの動向も確認できる

専門家ブログのアクセスを解析する

「サマリー」において基本となるのは以下の項目です。

「ユーザー」

　あなたのサイトを訪問したユーザーの数

「新規ユーザー」

　はじめてあなたのサイトを訪問したユーザーの数

「セッション」

　ユーザーがあなたのサイトを訪問した回数

「ページビュー数」

　あなたのサイトの中でユーザーが見たページの数

「平均セッション時間」

　1回の訪問につきあなたのサイトに滞在した時間

「直帰率」

　1ページだけ見て移動したユーザーの割合

　レポート期間の指定をすることができます。右上の日付「YYYY/MM/DD」−「YYYY/MM/DD」をクリックすれば、任意に期間を指定して変更することができます。

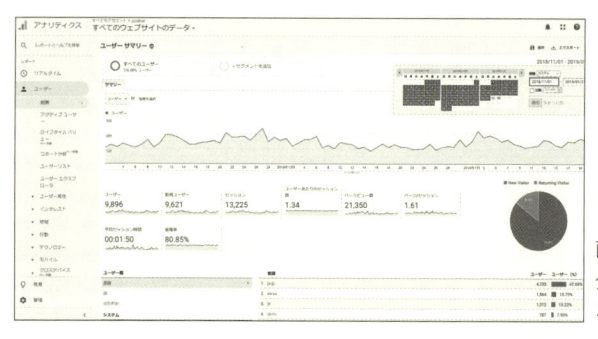

画面右上のカレンダー部分で必要な期間を設定する

　また、グラフの表示項目を変更したりすることができます。現在の表示項目（「ユーザー」）をクリックすると、切り替え可能な項目が出てきますので、任意の項目に変更して表示することが可能です。

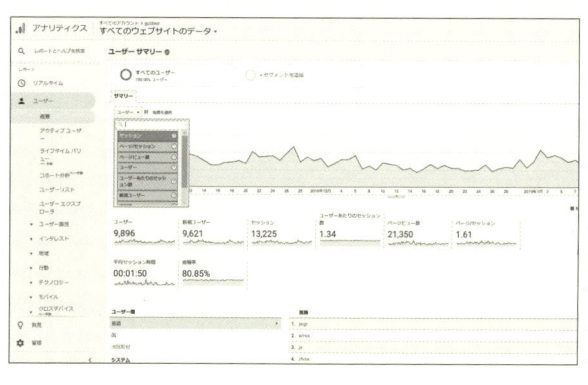

年齢や性別などのユーザー属性や、地域や言語、使用しているOSなど、さまざまな情報を得ることができる。ここでは『モバイル』の項目を見てみよう

　次に、サイトを訪れたユーザーの端末情報を確認してみます。「モバイル」→「概要」をクリックしてみてましょう。

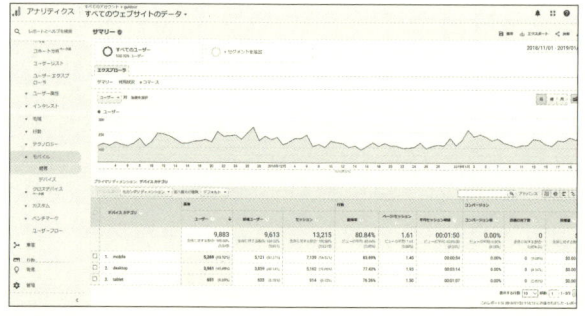

パソコン、タブレット、モバイルのうち、どの端末でアクセスされたのかなどの詳細な情報を確認することができる

ここで、ユーザーの使用している端末（PC・スマホ等）が何なのかがわかります。たとえば、スマホのユーザーが多いのなら、スマホ用サイトの改善を優先するといった判断が可能となります。

→ 「集客」レポート

　「集客」レポートでは、「ユーザーがどこから訪問してきたのか」という流入元を調べることができます。例えば、「Googleの検索結果から訪問した」「Twitterの広告から訪問した」などがわかります。基本となるのは以下の項目です。

「Organic Search」
　Google、Yahooなどの検索結果からの流入数
「Social」
　FacebookやTwitterなどのソーシャルメディアからの流入数
「Referral」
　他のサイトのリンクからの流入数
「Direct」
　URLの直接入力やブックマークからの流入数

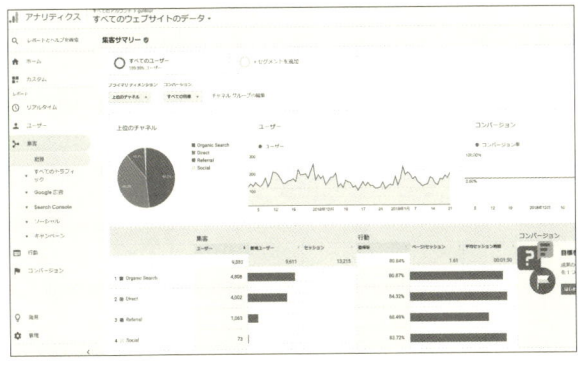

アクセスの流入元をグラフでわかりやすく確認することが可能。検索エンジン、ソーシャルメディア、他のサイト、ブックマークなどアクセス流入元の割合を分析し、次の戦略を立てよう

　「すべてのトラフィック」→「チャネル」から、さらに詳しくデータを確認することができます。

Chapter 01
Chapter 02
Chapter 03
Chapter 04
Chapter 05
Chapter
06
専門家ブログのアクセスを解析する

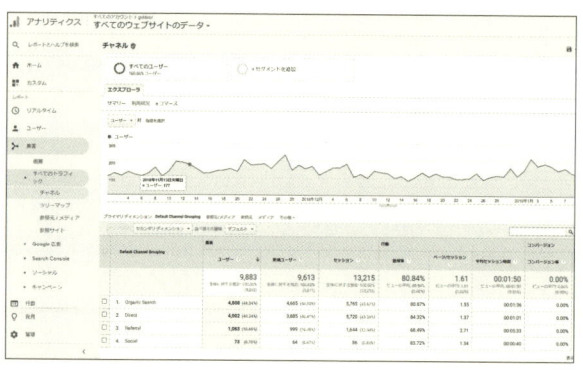

Organic Searchなら、どのキーワードを使ってアクセスされたのか、Socialなら、どのソーシャルメディアからのアクセスかなど、詳細な内容を確認できる

　また、「ユーザー」レポートと同様に、期間の指定やグラフの表示項目を変更することが可能です。

→ 「行動」レポート

　「行動」レポートでは「ユーザーがあなたのサイトに訪問して、どのような行動をしたか」を知ることができます。たとえば、「ユーザーがはじめに見たページはどれか」とか、「ページでの滞在時間はどのくらいか」とか、「どのページで離脱されているのか」といったことがわかります。まず、「サマリー」で全体を見渡すことができます。

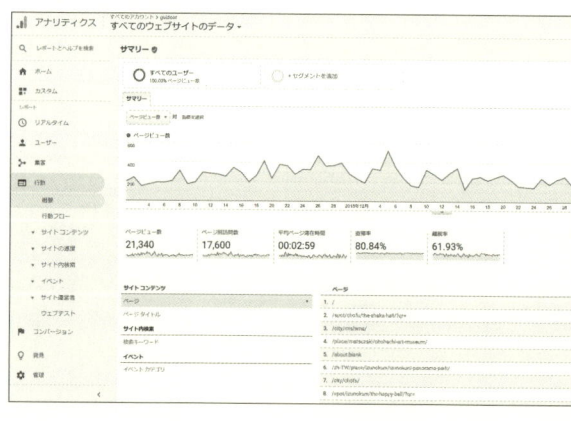

滞在時間や直帰率など、Webサイトを運用する上で大変重要な指標をここで確認することができる

　次に「サイトコンテンツ」→「すべてのページ」を見てみましょう。

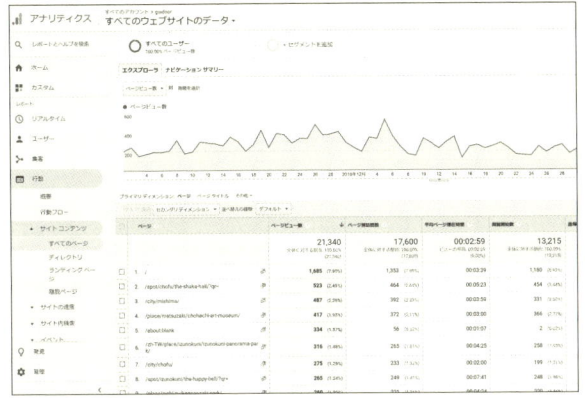

全体の平均のみならず、ページごとに数値を確認することが可能。滞在時間はどれだけしっかりとコンテンツが読まれているかの重要な指標。確認しておこう

　あなたのサイトのすべてのページの「ページビュー数」や「滞在時間」などを確認することができます。一覧はデフォルトではURLで表示されますので、タイトル名で表示したい場合は、「プライマリディメンション」の「ページタイトル」をクリックして表示を切り替えましょう。

　また、URLとタイトル名を並べて表示したい場合は、「セカンダリディメンション」をクリックして、ページタイトルを選択します（項目が多いので、テキスト検索を使うのがよいでしょう）。

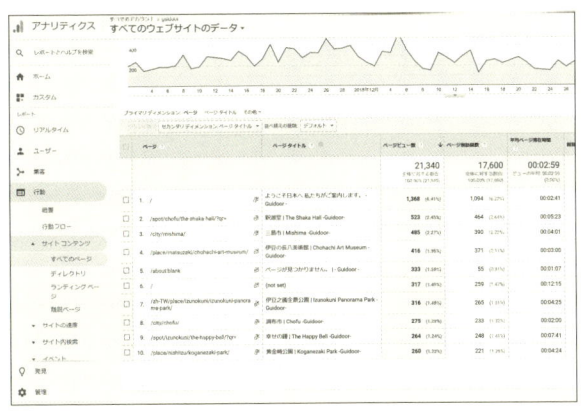

URL、ページタイトル、自分が見やすい形で数値の確認が行える

　さらに「ランディングページ」をクリックしてみましょう。ランディングページとは、ユーザーがあなたのサイトに訪問して最初に開いたページのことをいいます。ここでは、ランディングページごとの詳細なデータを確認できます。

専門家ブログのアクセスを解析する

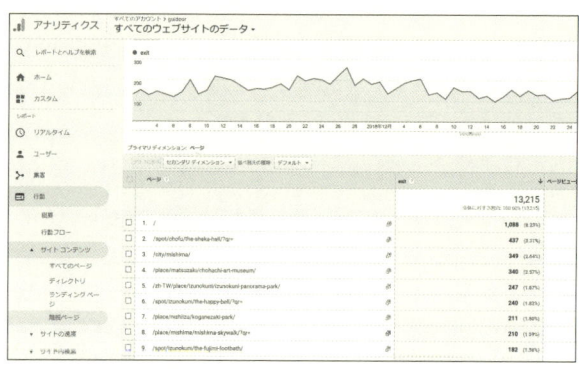

ランディングページとはユーザーがWebサイトに訪問した際、最初に閲覧したページのこと。参照元と併せてチェックしておきたい項目だ

「離脱ページ」は「ランディングページ」とは反対にユーザーが最後に開いたページです。ここを見れば、どのページであなたのサイトから離脱したのかを知ることができ、どうしてこのページで興味を失ってしまったかを推測し対策することが可能となります。

先ほどのランディングページが入り口なら、こちらは出口。訪問者の動きを把握し、対策を練ろう

→ 「コンバージョン」レポート

「コンバージョン」というのはあなたのサイトの目標（登録・商品購入など）のことで、コンバージョンレポートではあなたが設定した目標に対してどのくらい達成できたかを知る事ができるレポートです。

あらかじめ目標を設定しておくことによって、例えば、以下のような分析することができます。

Chapter 01
Chapter 02
Chapter 03
Chapter 04
Chapter 05
Chapter 06

専門家ブログのアクセスを解析する

「オンライン登録数」

「商品やサービスの申込数」

「メディア（動画など）を再生したこと」

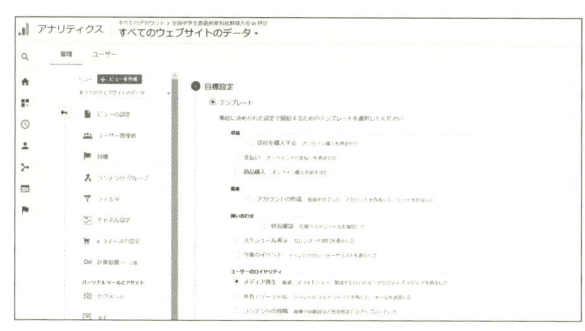

Webサイトには、商品やサービスの申し込みやメルマガの登録など、主たる目的が存在する。その目的の達成率を調べることができるのがコンバージョンレポートだ

　アクセス解析は、このコンバージョンを増やすための手段です。常にチェックしておきましょう。

専門家ブログのアクセスを解析する

Chapter
01

Chapter
02

Chapter
03

Chapter
04

Chapter
05

Chapter
06

専門家ブログのアクセスを解析する

Google Search Console

→ Google Search Consoleの導入

「Google Search Console」はGoogleが提供するWebサイト解析ツールのひとつで、誰でも無料で使用することができます。Google検索結果において、あなたのサイトがどのように表示されるのかを知るためのツールです。SEO対策としては、ユーザーがあなたのサイトに訪れる前のデータ（自分のサイトが『どの検索ワード』で『どれほど表示』され、『どのくらいクリック』されたか）を知ることができ、Google検索からの流入アップには欠かせないものとなっています。機能が盛りだくさんですが、基本的な使用方法さえ覚えれば簡単に使いこなすことが出来ますので、使い方をマスターしてサイト運営に役立ててください。

Google Search Consoleを利用するには、Googleアカウントが必要となります。Googleサービスを使うにはGoogleアカウントに紐付ける必要がありますので、必ず作成するようにしましょう。すでにGmailのアカウントや「Google Analytics」等のサービスを使用しているのであれば、そのアカウントで問題ありません。新規でGoogleアカウントを作成する場合は、以下のアドレスから作成してください。それでは導入手順について細かく解説していきます。

1. プロパティの追加

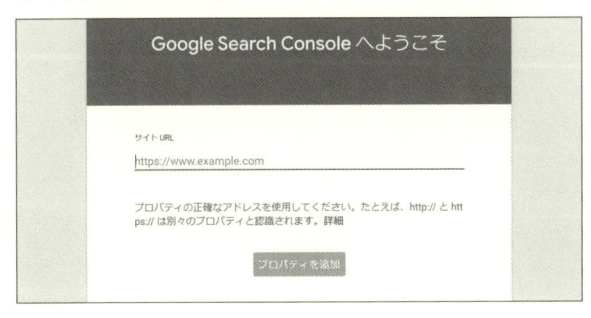

「今すぐ開始」をクリックすると「Google Search Consoleへようこそ」のページが表示されますので、あなたのWEBサイトのURLを入力し「プロパティを追加」をクリックします

2. 所有権の確認

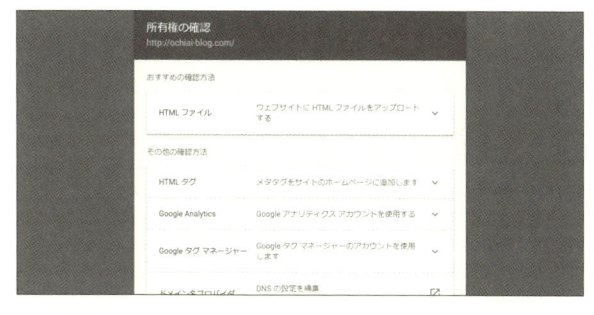

入力されたURLが本当にあなたのサイトのものなのかを確認するため、「所有権の確認」ウィンドウが表示されます

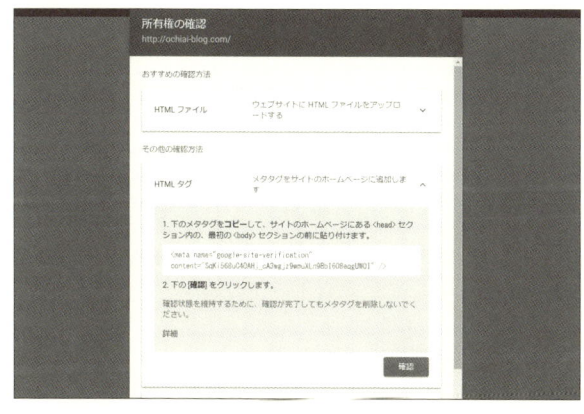

「その他の確認方法」をクリックすると「HTMLタグ」が表示されますので、それをコピーしてあなたのサイトのトップページのHTMLコードに貼り付けます（<head>タグの直後に貼り付けましょう）

　その後、もう一度Googleサーチコンソールに戻って【確認】ボタンをクリックすると登録が完了します。

　※ WordPressを使用している場合は以下の手順で行います。

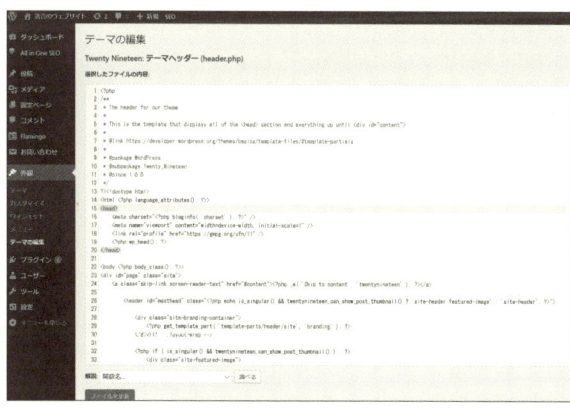

❶WordPressのメニューから「外観」→「テーマの編集」をクリック
❷画面の右側にある「テーマヘッダー」をクリック
❸コードの中から<head>タグを探し出し、<head> 〜 </head>に挟まれた部分に先程コピーした「HTMLコード」を貼り付けます

　なお、事前に「Google Analytics」が導入されている場合は、「所有権を自動確認しました」というウィンドウが表示され登録が完了します。

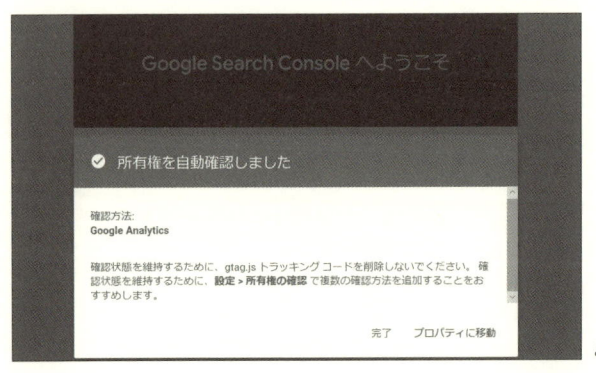

これで設定は完了

→ Google Analyticsとの連携

　「Google Search Console」と「Google Analytics」とで同じGoogleアカウントを使って運用している場合は、それらを連携することができます。連携することによってGoogle AnalyticsからもSearch Consoleのデータを閲覧することができるようになるため、連携することをおすすめします。

1. Google Analyticsにログイン

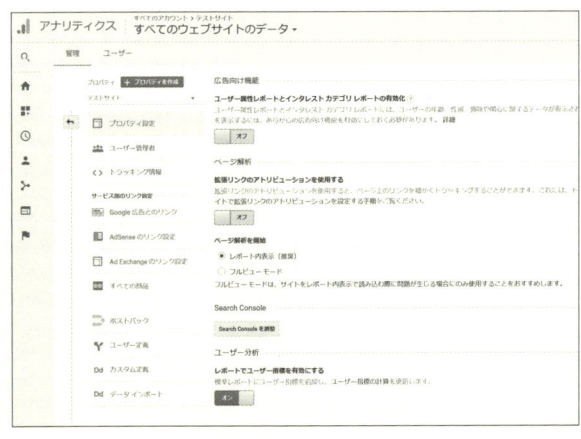

Google Analyticsにログインし、「管理」→「プロパティ設定」→「Search Consoleを調整」をクリック

2. 連携するGoogle Search Consoleを選択

「追加」をクリックすると連携可能な「Search Consoleのサイト」が表示されますので、チェックで選択して「保存」をクリックすれば設定完了です

　アナリティクスと連携することによって、より多角的にWebサイトの分析ができるようになります。Google Search Consoleは、無料とは思えないほど高機能で便利なツールです。

　以上のように、簡単に登録することができますので、まだ利用していない方はぜひ登録してみてください。

→ Google Search Consoleの見方と使い方

　検索エンジンの検索結果によってアクセスするユーザーは、表示されたページタイトルや説明文などからそのページが自分の求めているページかどうかを判断しています。あなたのサイトが検索結果にどのように表示されているかを確認し、それを改善していくことによって、アクセス数の増加を図ることができるのです。

　Search Consoleでは、「どういったキーワード」で、「どのくらいのアクセス」があるのかといった、サイトの検索におけるパフォーマンスを調べられます。

　それでは、Search Consoleの代表的な機能についてみていきましょう。

Chapter
01

Chapter
02

Chapter
03

Chapter
04

Chapter
05

Chapter
06

→ 検索パフォーマンス

「検索パフォーマンス」とはGoogle検索でのパフォーマンスを分析します。検索結果のフィルタリングや比較を行い、ユーザーの検索パターンが把握できます。

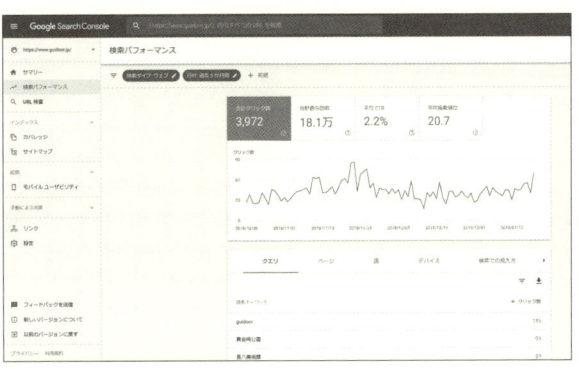

Googleの検索結果へのサイトの表示頻度、検索結果での平均掲載順位、クリック率などの指標を確認することができる

▶ 「検索タイプ」と「日付」フィルター

「検索タイプ」は「ウェブ」「画像」「動画」からフィルターをかけて表示することができます。

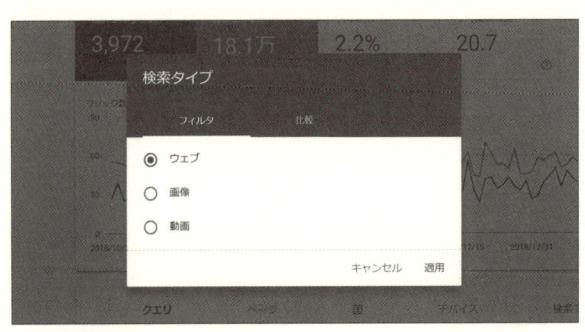

「ウェブ」「画像」「動画」という3つの検索タイプに応じた検索データの確認が可能

「ウェブと画像を比較」といったような項目を比較した形での表示も可能です。

「日付」は「過去7日間」「過去28日間」「過去3か月間」「過去6か月間」「過去12か月間」「過去16か月間」から選択し絞り込むことができ、「カスタム」で任意の期間にすることもできます。

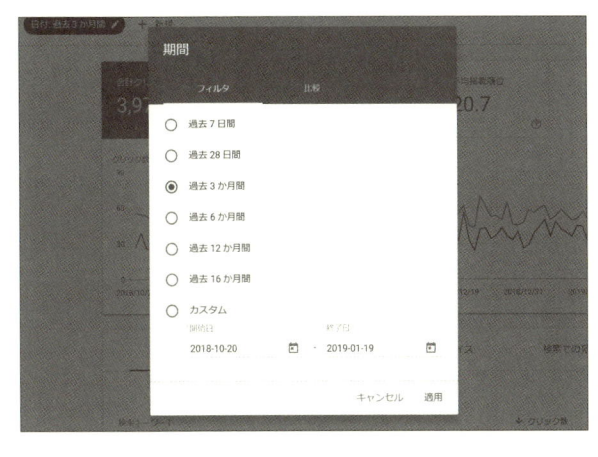

GoogleAnalyticと同様に期間を指定した分析が可能。定点観測することでWebサイトの動向を捉えよう

　また、同様に「過去 28 日間と前の期間を比較」という風に比較しての表示も可能となっています。

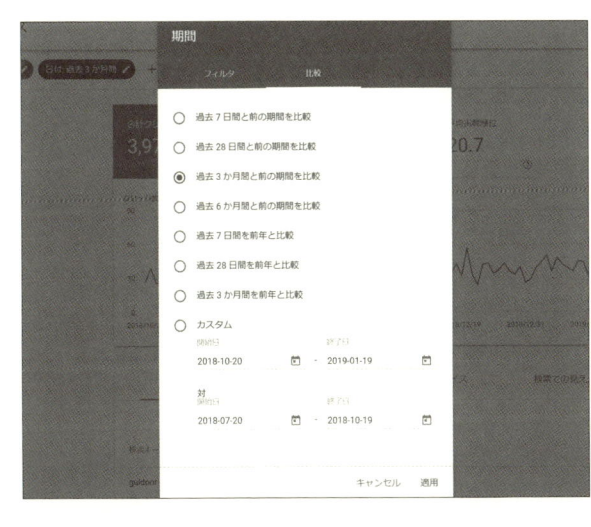

以前は比較できる期間が過去90日間以内に限定されていたが、Google Search Consoleの機能向上により、データ保持期間が過去16ヶ月と大幅に増え、選択肢も多様に

Chapter 01
Chapter 02
Chapter 03
Chapter 04
Chapter 05
Chapter 06
専門家ブログのアクセスを解析する

▶ 「合計クリック数」「合計表示回数」「平均CTR」「平均掲載順位」
　検索タイプと日付から選択した条件によって、「合計クリック数」「合計表示回数」「平均CTR」「平均掲載順位」の項目をグラフで表示します。「合計表示回数」とは検索結果に表示された回数です。
　「平均CTR」のCTRとは「Click Through Rate」の略で、簡単に言うと表示回数をクリック数で割ったクリック率のことです。「平均掲載順位」

Chapter 01
Chapter 02
Chapter 03
Chapter 04
Chapter 05
Chapter 06

とは、検索結果における掲載順位の平均値のことです。それぞれ、項目を
クリックする毎に色が変わり、ON・OFFが切り替わるのがわかります。

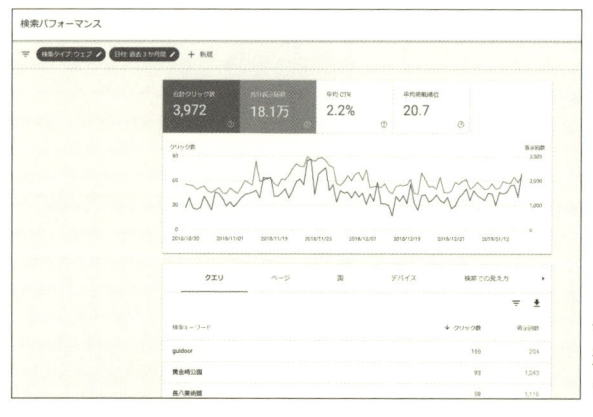

合計クリック数と合計表
示回数の2つの指標のみ
を表示したグラフ

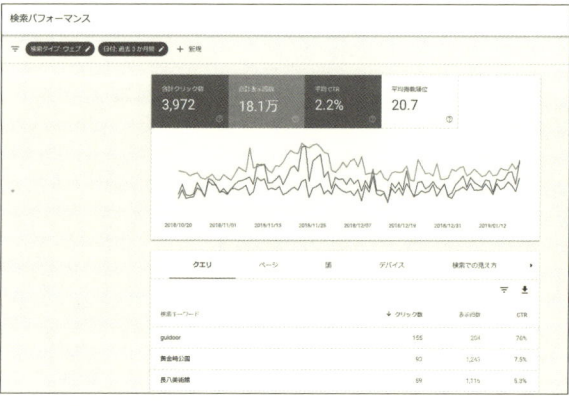

平均CTRを追加し、グラ
フの線は3本に。それぞ
れの項目と、グラフの色
はリンクしている

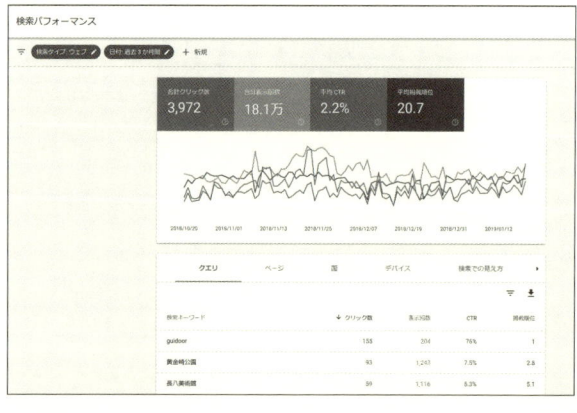

平均掲載順位も加え4本
のグラフが確認できる。
それぞれの指標の相関関
係も見えてくる

▶ 「クエリ数」「ページ」「国」「デバイス」

　「クエリ」とは、ユーザーがGoogleで検索した文字列のことで、要は「検索キーワード」です。該当の検索ワードによってクリックされた数を表しています。並んでいるクエリ一覧を見渡すことによって、ユーザーが何を求めてサイトに訪れているかが具体的に見えてきます。

　クエリの他にも、「ページ」、「国」、「デバイス」からそれぞれのクリック数を確認することができます。

まずはクエリをチェックしてみましょう。ユーザーが Google で検索したクエリ文字列が表示されています。想定したキーワードがクエリリストにあるかどうかなどのチェックができます

次にページをチェックしてみましょう。ここでは、それぞれのページごとの数値を確認することができます

国別の数値も確認する
ことができます。中国やロ
シアを除けば、世界の主
要検索エンジンはほぼGo
ogleがトップを占めてい
ます。世界的な展開を狙
うWebサイトにおいても、
Google Search Consoleで
十分に事足りてしまいま
す

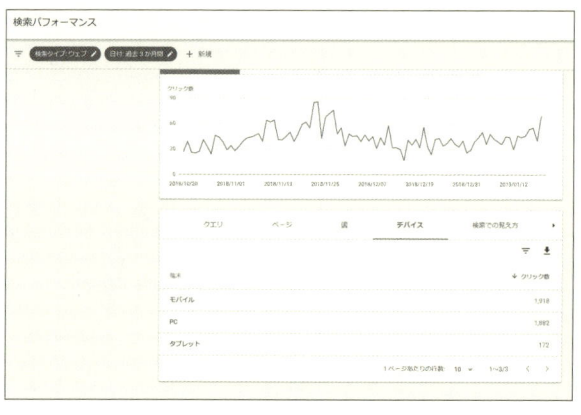

デバイスをチェックする
と、モバイル、PC、タブ
レットの割合も確認でき
ます。前述した通り、未
だ高額な決済や、重要な
決断が行われるのはモバ
イル端末よりもPCからの
ほうが多いことも踏まえ
数値をチェックしましょ
う

　以上の条件を絞り込んだ結果は、グラフにも反映されます。条件を様々
に組み合わせることによって、ページ単位のパフォーマンスを調べたり、特
定の期間のクリック率を調べたりといったことが可能です。

　あなたのサイトが、狙い通りのパフォーマンスを得られているかどうか
を詳しく調べることができます。

→ インデックス・カバレッジ

　「インデックス」とは通常は「目次」や「索引」のことを指しますが、こ
の場合は、「検索エンジン（Google）が、Webサイトのページを登録する
事」を指します。Google検索にヒットさせるには、まずGoogleの検索対
象に入っていなければいけません。

186

「インデックス・カバレッジ」によって、あなたのサイトのGoogleが認識しているページ数、要はGoogle検索の対象に入っているページ数を知ることができます。

Googleがあなたのウェブサイトをどのように判断しているかを、視覚的に見ることができるようになっているのです。

▶ カバレッジ

「エラー」、「有効（警告あり）」、「有効」、「除外」

インデックスされているページのステータスと表示回数をグラフで表示します。除外されたページ（インデックスされていないページ）については、その理由も調べることができます。

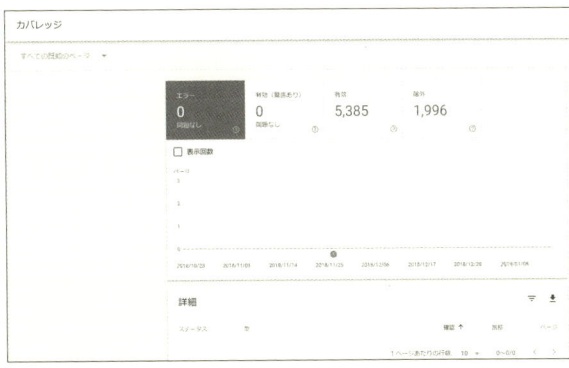

Googleにインデックスされていなければ、どれだけ検索したところでGoogleに表示されることはありません。ビジネスブログのスタートは、まずはページがインデックスされることから始まります

「エラー」

何らかのエラーでインデックスされていないページの数です。エラーなので早めに対処する必要があります。

「有効（警告あり）」

インデックス自体はされているが、何らかの問題点があるページの数です。

「有効」

何も問題なくGoogleにインデックスされているページ数です。

「除外」

何かの理由で、Googleがインデックス対象から外しているページの数です。

Chapter 01
Chapter 02
Chapter 03
Chapter 04
Chapter 05
Chapter 06
専門家ブログのアクセスを解析する

「詳細」

　もし、あなたの意図したページの全てが「有効」になっているのであれば、問題はありません。しかしながら、長期でWebサイトを運用しコンテンツも増えてくると、クロールエラーなどを含むさまざまな要因で、インデックスを望む全てのページが「有効」になっているとは限りません。ここでチェックし、Webサイトの修正を行いましょう。「詳細」では、エラーとなったページの理由やを細かく知ることができます。重複ページをみつけたり、サイト設計の仕様間違いを発見したりするのにとても役立ちます。

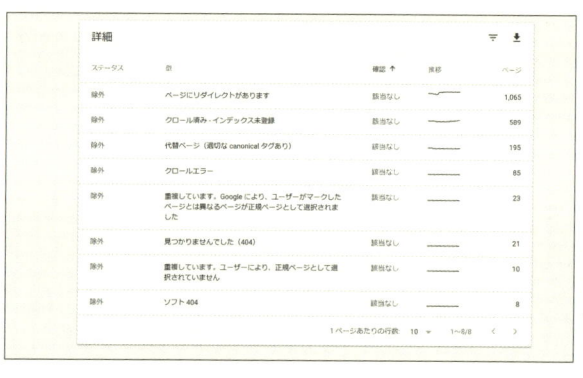

エラーや除外となっている理由や状況を把握し、適正な状態となるまでWebサイトの修正を行っていこう

▶ リンク

　サイトのページへの被リンク情報は、SEOにおいても重要な情報です。ここでは外部と内部のリンク情報を確認することができます。

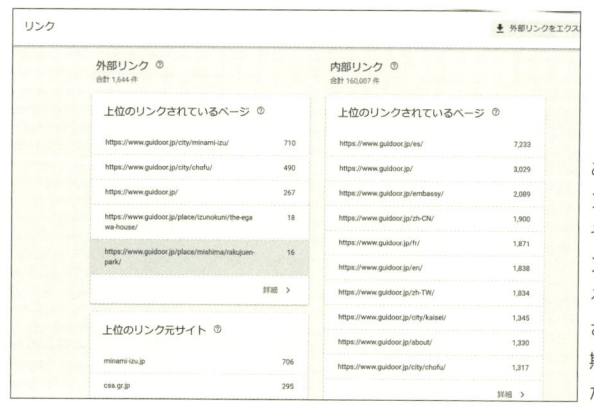

あなたのWebサイトにリンクしているサイトや、そこで使用されているリンクテキストを確認できる。不正なリンクが検出されることもある為、定期的にチェックしておきたい項目だ

PVよりも売上を意識する

→ PVは指標のひとつにしかすぎない

　ブログを運用していると、ついPV（ページビュー：ウェブサイト内のページが開かれた回数）ばかり気にしてしまいます。最もシンプルで、最もわかりやすいため、こだわってしまう気持ちもわからなくはありません。

　また一般ブロガーの中には、PVの数でブログの価値を語る人も少なくありません。PVが少ないブログは、PVが多いブログよりも価値が低いという風潮も存在します。

　しかし、ビジネスブログの運用においては、収益を得ること、集客などに寄与することが一番の目的です。PVも大切な指標のひとつですが、その指標だけでブログの良し悪しを判断するような、雑な解析をするわけにはいきません。PVにばかりにこだわってしまい、その増減に一喜一憂し、時にはコンテンツ制作の意欲を欠いてしまったり、他の指標を軽んじてしまったり、収益体質のビジネスブログ構築に失敗してしまう人も多いのです。

　実際に月間10万PV、20万PVとアクセスを集めていても、まったく収益化できていないという人もたくさんいます。逆に5万PVでも、7桁におよぶ売上を上げる人も珍しくありません。私自身、月間300万PVを超えるアクセスを叩き出した頃よりも、現在のほうが収益は高く、安定もしています。

　ビジネスブログの運用者が見るべき最も重要な指標は、売上に直結する成約数と成約率なのです。

→ 売上が上がるページを大切にする

　良い事例がひとつあります。私のブログコンテンツの中に、デジタルデトックスについて扱った記事があります。この記事はPVがほとんどなく、月間25〜50PVほどです。

「デジタルデトックスのスス
メ | 驚愕の効果！千葉
の山奥でデジタルデトック
スしてきたら、人間本
来の持てる力を取り戻し
た気がするという話。」
https://m-ochiai.net/digital
-detox/

　それでもこの記事は、企業研修や執筆依頼、取材など、日々仕事の受注
を運んできており、この記事の投稿翌月には、

- 講演料　　15万円
- 寄稿　　　5万円
- 取材　　　3万円

と、23万円もの売上を上げてくれました。その後もまったく衰えること
なく仕事を受注し続け、初投稿から3年半以上たつ現在でも、月にひとつ
は仕事を持ってきてくれます。デジタルデトックスについての外部メディ
アからの取材のすべては、この記事を起点に依頼を受けたものです。宣伝
効果も高く、売上額以上の価値があります。
　私のブログの中には、1記事で月に万単位のPVを集めるものもあります
が、それらのほとんどがこの記事を超える売上を上げていません。私のブ
ログには、このようにPVは少なくても確実に稼いでくれる記事が複数あり
ます。
　私は、

- 月間10万PV　で　1万円の売上があるページ
- 月間100PV　で　10万円の売上があるページ

の2つの記事があれば、後者を大切にしていきたいと思っています。

専門家ブログのアクセスを解析する

Chapter 01

Chapter 02

Chapter 03

Chapter 04

Chapter 05

Chapter 06

おわりに

　ブログは間違いなく私の人生を変えてくれました。ブログがなければ、今の私はありません。なんの武器も持たない、いち個人事業主でしかなかった私が上場企業の創業者や、国会議員、県議会議員、市議会議員の方々、芸能人の方々と一緒に仕事をし、1000人もの人の前で講演し、テレビ、新聞、雑誌、ラジオの取材を受ける。全てブログが無ければなし得なかったことで、ブログ執筆以前は想像すらしたことはありませんでした。

　そして、ブログは私だけに限らず、みなさんの人生を大きく変える可能性を持った、素晴らしい存在であると、私は信じています。また、より良い情報、優良な情報を、ブログを通じて世に発信していく行為は、より素晴らしい世界を創造していく力となり、私たちの未来に寄与するはずだとも信じています。

　本書をお買い求めいただいたあなたに、お願いがございます。どうか、この本を読んで終わりにしてしまうだけでなく、ブログを書いてみてください。そして、それを継続してみてください。きっとあなたのビジネス、そして人生に大きく寄与してくれる存在になるはずです。私はブログを、そしてブログ仲間を心から愛しています。いつかブログ仲間として、あなたとお会いできる日を楽しみにしています。

　最後に、本書の事例掲載にご協力いただいたブロガーのみなさま、執筆期間中の業務をささえてくれたスタッフの皆様、本書の執筆の機会を与えていただいた、山田さま、大切な妻と子供達に心から感謝を申し上げます。私がこんなにも素晴らしいブログライフを送れるのも、支えて頂いている皆様あってのことです。本当にありがとうございました。皆様のご健勝を心よりお祈り申し上げます。

2019年2月 落合正和

著者紹介

落合正和（おちあい まさかず）

WEBメディアコンサルタント、株式会社office ZERO-STYLE代表取締役、一般財団法人モバイルスマートタウン推進財団 専務理事。
ブログやSNSを中心としたWebメディアを専門とし、ネット事件やサイバー事件、IT業界情勢などの解説で、メディア出演多数。ブログやSNSの活用法や集客術、リスク管理等の講演のほか、民間シンクタンクにて調査・研究なども行う。
著書：はじめてのFacebook入門[決定版]（秀和システム）

編　集　　山田 稔／北川研斗（ケイズプロダクション）

ビジネスを加速させる
専門家ブログ制作・運用の教科書

2019年4月19日　初版第一刷発行

著　者	落合正和
発行者	宮下晴樹
発　行	つた書房株式会社
	〒101-0025　東京都千代田区神田佐久間町3-21-5　ヒガシカンダビル3F
	TEL. 03（6868）4254
発　売	株式会社創英社／三省堂書店
	〒101-0051　東京都千代田区神田神保町1-1
	TEL. 03（3291）2295
印刷／製本	シナノ印刷株式会社

©Masakazu Ochiai 2019, Printed in Japan
ISBN978-4-905084-33-4